Catalogue et étude des faux et des outils agricoles de coupe à lame et à manche entiers en Gaule

André Marbach

BAR International Series 2376
2012

Published in 2016 by
BAR Publishing, Oxford

BAR International Series 2376

Catalogue et étude des faux et des outils agricoles de coupe à lame et à manche entiers en Gaule

ISBN 978 1 4073 0966 8

BAR Publishing is the trading name of British Archaeological Reports (Oxford) Ltd. British Archaeological Reports was first incorporated in 1974 to publish the BAR Series, International and British. In 1992 Hadrian Books Ltd became part of the BAR group. This volume was originally published by Archaeopress in conjunction with British Archaeological Reports (Oxford) Ltd / Hadrian Books Ltd, the Series principal publisher, in 2012. This present volume is published by BAR Publishing, 2016.

Printed in England

BAR
PUBLISHING

BAR titles are available from:

BAR Publishing
122 Banbury Rd, Oxford, OX2 7BP, UK
EMAIL info@barpublishing.com
PHONE +44 (0)1865 310431
FAX +44 (0)1865 316916
www.barpublishing.com

SOMMAIRE

Résumé.

L'étude des faux et des outils agricoles de coupe à lame et à manche de la Gaule a été basée sur l'exploitation de l'inventaire des découvertes archéologiques, les autres sources étant pratiquement inexistantes. Cet inventaire n'a porté que sur des pièces métalliques *entières* ce qui a permis un classement à partir de critères techniques définis par une étude particulière, faite sur des faux contemporaines et, incluse en annexe. Le catalogue de ces pièces comporte 16 grandes faux entières, des outils agricoles de coupe à lame de la fin de l'époque de La Tène et de l'époque romaine. Sur un total de 40 pièces retenues, 26 ont une datation indiscutable. Chaque élément est représenté de deux façons : dessin archéologique ou photo numérique et dessin technique de la pièce. C'est le seul catalogue de faux gallo-romaines réalisé à ce jour pour la Gaule.

Une classification générale de ces outils a été faite à partir de la division en deux modes de travail, prise comme hypothèse, à savoir : la coupe frontale et la coupe latérale. La « vraie faux » utilise une coupe latérale qui réduit l'effort du faucheur. Ce clivage permet en tout cas d'éviter d'appeler « faux » un simple outil de coupe agricole à lame et à manche, et évite toute confusion dans les traductions et les textes.

Une étude comparative réalisée avec des faux de Grande Bretagne (S. E. Rees), d'Autriche (R. Pohanka), d'Europe du Sud –Est, de Gaule du Nord et des Germanies (J. Henning), montre des points de ressemblance entre certaines faux de Gde Bretagne et du Norique. Des faux de ces deux pays ont aussi des similitudes avec quelques faux de la Gaule.

La « vraie faux » à coupe latérale est apparue en Norique vers la fin de l'époque de La Tène et le début du Ier siècle après J. C.. Cela pourrait expliquer la venue tardive de ces faux en Gaule, si l'on en croit les découvertes actuelles, ainsi que l'absence de références écrites, notamment chez Pline l'Ancien, que certains estiment inexpliquée. A quel emploi les grandes faux gauloises étaient-elles destinées ? Comme de nombreux auteurs le pensent, la coupe du foin, faute d'éléments nouveaux, semble la plus vraisemblable. La forme particulière de la grande faux gauloise reste toujours un peu mystérieuse.

English abstract.

The research on scythes and sharp edged, bladed, handled agricultural tools from the Gaul has been based on the survey of archaeological discoveries, because the other sources barely existed. That survey has only dealt with *entire* steeled pieces, which has allowed a filing according to technical criteria determined thanks to a specific research on contemporary scythes and included in the annex. The catalogue of those pieces is composed of 16 entire scythes of a big size, some sharp edged, bladed agricultural tools from the end of the Iron Age era and from the Roman period. 26 pieces out of 40 selected ones are indisputably dated. Each piece is represented in 2 ways : Either an archaeological drawing or a digital photography and a technical drawing of the piece. It's the only catalogue of gallo- roman scythes for the Gaul so far.

Those tools have been filed according to the way they were supposedly used : They were either frontal cutting tools or lateral cutting tools. The "genuine " scythe is used in a lateral way, which reduces the effort of the reaper. Therefore, sharp edged, bladed, handled tools can't be defined as scythes. Such a distinction will avoid making mistakes in the translations.

A comparative study of scythes from GB (S.E Rees), Austria (R. Pohanka), South Eastern Europe, Northern Gaul and Germanies (J. Henning) shows some similarities between some scythes from GB and the Noric. Some scythes from both countries have some similarities with a few scythes from the Gaul.

The genuine lateral cutting scythe has appeared in Noric around the end of the Iron Age era and the beginning of the 1st Century after J.-C. . That could explain the late arrival of those scythes in Gaul, according to the current discoveries as well as the absence of any reference by Pliny's *Natural History*, which remains mysterious for some researchers. What was the use of the big scythes of Gaul? Many authors think that they were used to cut the hay unless something new is discovered. The particular shape of the big scythe of Gaul still remains a bit mysterious.

Zusammenfassung.

Die Studie der Sensen und der landwirtschaftlische Werkzeuge mit Klinge und Stiehl begründen sich auf das Inventar der archeologischen Funde. Andere Quellen sind praktish nicht vorhanden. Dieses Inventar beträgt nur *vollständige* metallische Stücke, was hat eine Klassifikation ab technische Kriterien die durch eine besondere Studie auf heutige Sensen bestimmt sind,erlaubt. (Befindlich in den Beilagen). Das Katalog dieser Stücke beträgt 16 grosse vollständige Sensen, landwitrschaftlische Werkzeuge mit Klinge aus der Zeit der La Tène und der Römerzeitd die. Auf 40 zurückhaltende stücke, 26 haben eine unstreichbare Datierng. Jedes Teil ist zweiartig vorgetragen : eine archeologische Zeichnung oder eine numerische Photo und eine technische Zeichnung. Es ist bis heute der einzige vollgebrachter Katalog für Gallien von gallisch-römische Sensen.

Eine generelle klassifierung dieser Werkzeuge ist in zwei Arbeitsweisen dieser Werkzeuge geteilt worden,und zwar : die mit ein frontaler Schnitt und die mit ein seitlicher Schnitt arbeiten. Unter dieser Vorausstellung benützt die « echte Sense » ein seitlicher Schnitt der den Kraftaufwand des Schnitters erleichtet. Auf jedem Fall, erspart diese Spalltung ein einfaches Werkzeug mit Klinge und Stiel als Sense zu bebennen und vermeidet Verwechslungen bei Ubersetzugen von Dokumente.

Eine vergleischende Studie zwichen Sensen aus Grossbritanien (S.E.Rees), Östereich (R.Pohangka), Südosten von Europa, Nord –Gallien und der Germanien (J.Henning) zeigt ähnliche Punkte zwischen Sensen aus Grossbritanien und aus Norique. Sensen dieser zwei Länder haben Ähnlichkeiten mit einige Sensen aus Gallien.

Die « echte Sense » die ein seitlicher Schnitt benütz ist zwischen Ende der La Tène Zeit und Anfang des ersten Jahrgang nach Christi Geburt in Noricum erschienen. Dies könnte die Später gekommenen Sensen dieser Art in Gallien erklären wenn man die neuen Funde sieht und auch weil es keine schrifliche Referenzen gibt, besonders bei Plinius *H. N.*, was für einige unclar ist. Wozu dienten die grossen gallischen Sensen ? Die wahrscheinlichste benutzug, wie es viele Schriftsteller annehmen, war das ernten von Heu. Die besondere Form der grossen gallischen Sense bleibt immer etwas geheinissvoll.

PRÉFACE.

Savoir regarder les objets n'est pas donné à tout le monde. Cela s'apprend. Et parmi les apprentissages possibles, il en est un dont on ne saurait exagérer l'importance : le dessin. Mais moins le dessin artistique, qui laisse beaucoup de place aux subjectivités, que le dessin industriel, le dessin coté, à une échelle déterminée, qui doit permettre, en principe, de refabriquer l'objet dans toutes ses dimensions. Dans le dessin industriel, c'est la fidélité et la précision qui sont recherchées avant tout, même si une certaine élégance n'est pas exclue. L'objet dessiné n'est pas seulement représenté, il est analysé, dé- et recomposé, de façon à éliminer les erreurs de la vision ordinaire. C'est en tous cas en appliquant les règles simples et strictes du dessin industriel que dans son précédent travail sur « Les Instruments aratoires en Gaule Belgique, B.A.R., I. S. 1235, 2004», M. André Marbach a pu renouveler notre compréhension de leur histoire. En remettant à leur vraie place deux petits trous symétriques observables sur certains socs d'araire, auxquels personne avant lui n'avait attaché la moindre importance, il a montré que ces araires étaient en réalité des charrues réversibles, parce qu'ils étaient équipés d'un coutre dont la pointe venait s'accrocher tantôt dans le petit trou droit, tantôt dans le petit trou gauche, du soc. Sa démonstration, une fois faite, avait la force de l'évidence. Mais pour que cette évidence fût perçue, il fallait remettre les trous à leur place, ce qui impliquait le regard d'un ingénieur formé au dessin industriel.

L'étude des faux est plus difficile que celle des instruments aratoires. Car si l'objet lui-même peut paraître plus simple, son maniement ne va pas de soi. Un araire, une charrue sont attelés, c'est-à-dire tirés suivant un mouvement à peu près uniforme. Le mouvement d'une faux et la façon dont elle coupe le matériau végétal sont beaucoup plus complexes quand on entre dans les détails - et ici, les détails sont tout. Les détails du geste, notamment. En Europe, le geste du faucheur est, sinon bien connu (je ne sache pas qu'on l'ait étudié en détail avec tous les moyens modernes de l'analyse des mouvements) du moins assez bien identifié. Le faucheur (au masculin, l'emploi de la faux par des femmes est tout à fait exceptionnel) balance sa faux horizontalement, de gauche à droite (il y a des faux pour gauchers, mais c'est très rare), en rasant le sol le plus possible, et suivant un angle qui permet de couper les tiges avec le moins d'effort. Il y a naturellement des variantes régionales, bien qu'on ne les ait jamais décrites avec précision. Mais ces variantes ne sont que des variantes, elles ne mettent pas en cause l'existence du modèle. De l'Écosse au Portugal et à la Russie d'Europe (comme on disait jadis), le modèle reste le même, aux variantes près.

Ce modèle pan-européen est attesté depuis le Haut Moyen Âge. Est-il le seul possible ? Et serait-il donc le seul dont nous disposions pour interpréter le fonctionnement des faux primitives, des faux laténiennes et romaines, antérieures en tous cas à notre Haut Moyen Âge ?

Plusieurs des prédécesseurs de M. Marbach l'ont pensé, ce qui, hélas, les a engagés dans des voies sans issue. Car l'ethnographie nous montre qu'il y a d'autres gestes possibles, qui sont d'ailleurs associés à d'autres modèles de faux. Le moins mal connu est le fauchage qu'on peut qualifier d'alternatif, parce que le faucheur balance son outil alternativement de gauche à droite et de droite à gauche, ce qui exige évidemment des faux entièrement planes, c'est-à-dire dont la lame et le manche soient rigoureusement situés dans le même plan. Ce mode de fauchage a existé jusqu'au début du XXe siècle en Carélie, en Arménie et en Sibérie, d'où il n'a peut-être pas encore tout à fait disparu (en Yakoutie notamment). Je ne peux pas donner ici en quelques mots une idée plus précise de ce geste, je renvoie pour cela à l'ouvrage et à la bibliographie de M. Marbach. Ce dont je peux témoigner, c'est qu'avant d'avoir « vu » ce geste dans les descriptions, les images et les films auxquels j'ai pu avoir accès, j'avais été parfaitement incapable de l'imaginer. C'est là, je crois, un aspect fondamental de notre problème. Les gestes les plus courants dans telle ou telle région du monde sont rigoureusement inimaginables pour nous tant que nous ne les avons pas « vus », au moins par description interposée. D'où notre impuissance à comprendre le fonctionnement de toutes sortes d'outils, dès lors qu'ils n'entrent pas dans des catégories qui nous sont déjà familières.

C'est tout le problème des faux anciennes, auquel s'est attaqué M. Marbach. Car ni leur morphologie ni les sources qui leur sont contemporaines ne nous donnent les bonnes clés. La morphologie des faux anciennes, qui n'est d'ailleurs pas uniforme, n'est pas assez proche de celle de nos faux modernes pour que nous puissions leur prêter un fonctionnement identique. Et les sources textuelles ou iconographiques sont aussi rares que peu explicites. L'iconographie se réduit à moins d'une douzaine de représentations dont il n'y a presque rien à tirer, d'abord parce que leur fidélité n'est rien moins qu'assurée, ensuite parce qu'à une seule exception près, le maniement de l'outil n'est pas représenté. Cette exception est celle de la Porte Mars à Reims, qui malheureusement, depuis sa « découverte » au début du XIXe siècle [??] a subi des dégradations qui l'ont rendu illisible ; nous en sommes donc réduits à choisir entre quelques dessins dont la fidélité, là encore, est sujette à caution. Quant aux sources textuelles, elles se réduisent à quelques lignes, quand ce n'est pas quelques mots, dans une demie douzaine d'auteurs, dont le seul à donner quelques détails concrets est Pline l'Ancien. C'est lui qui distingue les faux italiennes, courtes et maniées d'une seule main, aux faux des « grands domaines gaulois », plus longues et qui coupent l'herbe par le milieu ; mais il ne nous dit pas si ces grandes faux gauloises étaient maniées à deux mains (Histoire Naturelle, Livre XVIII, LXVII, 28).

La situation est-elle désespérée ? Si on s'en tient aux méthodes traditionnelles, sans doute. Même l'expérimentation, telle qu'elle est pratiquée en archéologie depuis les années 1970 avec le succès que l'on sait, serait probablement impuissante. Car pour résoudre un problème (sauf hasard heureux, cela arrive parfois), il faut d'abord avoir pu le poser. Or le problème des faux non modernes ou non européennes n'a jamais été véritablement posé. Que faudrait-il faire pour qu'il le soit ?

Il faudrait commencer par un inventaire ethnographique aussi exhaustif que possible des gestes du fauchage en dehors d'Europe. Il est vrai qu'en dehors de l'Europe et des pays limitrophes, les faux sont si rares qu'on se permet le plus souvent de les ignorer. Elles existent pourtant. J'ai fait allusion aux faux alternatives de Carélie, d'Arménie et de Sibérie. On trouve ici et là, en Inde, en Malaisie, en Chine, au Japon, etc., des outils à couper l'herbe, les roseaux et d'autres matériaux semblables, voire parfois des céréales, qui ne ressemblent pas à « nos » faux mais qui n'en font pas moins partie de la même famille d'outils. Or ce sont justement leurs différences qui nous intéressent, parce que ce sont elles qui peuvent nous permettre de nous faire une idée de l'ensemble des possibles. Malheureusement, ce genre d'enquête présente des difficultés pratiques telles que jusqu'ici, à ma connaissance, personne n'a pu ou voulu s'y lancer.

Reste la « méthode Marbach ». Elle a fait ses preuves avec les instruments aratoires. Réussira-t-elle aussi bien avec les faux ? Je n'en suis pas certain, mais je suis optimiste, et cela pour deux raisons. D'abord parce que c'est une méthode nouvelle, qui n'avait pas encore été vraiment essayée. Ensuite parce que c'est une méthode rigoureuse, qui nous permet de sortir des sentiers battus — ou, mieux, qui nous y oblige. J'ai dit plus haut combien il nous était difficile de nous déprendre de nos habitudes, lorsqu'elles étaient devenues des évidences. Le regard de l'ingénieur, dans sa rigueur décapante, est un moyen particulièrement efficace pour y parvenir. M. Marbach n'a pas résolu tous les problèmes, il s'en explique en toute franchise. Mais il les pose d'une façon toute nouvelle, et je suis convaincu que c'est en le suivant dans la voie qu'il a ouverte que nous pourrons sortir de l'impasse où nous sommes depuis au moins trois quarts de siècle.

Le 10 décembre 2011 François Sigaut.

Avant-propos.

Le catalogue est issu d'un travail de recherche portant sur les faux de toute époque. La partie concernant les faux gallo-romaines a fait l'objet d'une étude particulière et ce catalogue des pièces entières est la base de l'étude des faux de cette époque. Une recherche a été effectuée ensuite à partir de ces données pour essayer de mieux appréhender ces outils particuliers.

Nous tenons tout particulièrement à remercier Monsieur François Sigaut, Directeur d'Etudes à l'Ecole des Hautes Etudes en Sciences Sociales, dont l'appui constant et les encouragements ont motivé cette recherche. Enfin nous exprimons toute notre gratitude à Madame Jeanne-Marie Demarolle, professeur émérite d'Histoire Romaine à l'Université de Metz, qui a apporté une aide précieuse par ses remarques, poursuivant ainsi le travail de soutien à notre égard entrepris depuis de très nombreuses années. Nous associerons également Monsieur Alain Ferdière professeur émérite d'Histoire Romaine à L'Université de Tours qui nous a donné toutes les indications en sa possession pour établir la liste des pièces à sélectionner.

Il est aussi important de citer Monsieur Jean-Paul Schuhmacher dont la grande connaissance de la langue allemande m'a permis un accès facile aux nombreuses études dans cette langue.

Ce catalogue doit beaucoup aux Musées de France, de Belgique, de Sarre et de Suisse qui nous ont fourni gracieusement les documents nécessaires et aux nombreux archéologues non professionnels toujours disponibles pour communiquer leurs connaissances.

Présentation

Le présent travail a été réalisé en deux parties qui ont été réunies pour en faciliter la lecture.

PREMIERE PARTIE

Catalogue des faux entières et des outils agricoles de coupe entiers à lame et à manche en Gaule.

DEUXIEME PARTIE

Recherches sur les faux entières et les outils agricoles de coupe entiers à lame et à manche de la Gaule

PREMIERE PARTIE.

Catalogue des faux entières et des outils agricoles de coupe à lame et à manche de la Gaule.

Généralités sur la réalisation du catalogue.

Ce catalogue a servi de base à notre recherche sur les faux en Gaule Romaine et il a semblé utile de le présenter au début de l'étude.

La Gaule romaine a été l'unique espace géographique de notre investigation, mais certaines pièces pleines d'intérêt ont été prises en compte bien qu'elles aient été découvertes à proximité de cet espace.

Il est aussi certain que des pièces intéressantes ont pu nous échapper. Ce catalogue devra donc être complété ultérieurement.

-Classement des pièces du catalogue.

Cette recherche s'est trouvée face à des outils agricoles de coupe issus de découvertes archéologiques. La question posée a été : quelles informations à privilégier pour favoriser leur classement ? Une approche technique du fonctionnement des faux a permis de sélectionner les éléments dimensionnels à saisir sur les pièces découvertes. Parallèlement une réflexion a été menée sur le mode de coupe des différents outils retenus et elle a permis de choisir un critère de classement supplémentaire.

-Présentation du catalogue.

Les pièces étudiées sont des **pièces entières**, pouvant faire l'objet de mesures techniques fiables à des fins comparatives et de classement. C'est pourquoi de nombreux éléments de faux, présents dans les collections des musées de France et de Belgique, n'ont pas été pris en considération. Une exception à cette règle a été faite quand ces éléments pouvaient donner lieu à des indications particulières et ils ont été regroupés. Ce catalogue, initialement prévu pour faux entières, a aussi intégré des outils assez voisins que nous avons appelés : outils agricoles de coupe à lame et à manche.

Dans le catalogue chaque pièce est représentée, en principe, de deux façons :

-Un dessin archéologique qui représente la pièce telle qu'elle apparaît, selon les normes habituelles. Mais ici le plus souvent nous avons eu recours à des photos numériques, soit prises par le rédacteur, soit fournies par les musées ou les archéologues.

-Un dessin technique de représentation qui est un dessin simplifié. Il ne reprend que les cotes essentielles de la faux, explicitées ultérieurement, afin de permettre un classement à partir de critères à définir et le cas échéant une étude technique particulière. Certains auteurs[1] ont d'ailleurs retenu implicitement ce besoin de mesures à des fins comparatives et ont indiqué, pour chaque pièce retenue, les dimensions qui leur paraissaient importantes. Nous avons pensé qu'il était utile de les regrouper dans une seule représentation.

-Datation.

La datation des objets et outils archéologiques en dépôt est toujours un problème. Certaines de ces découvertes sont anciennes et la datation indiquée n'est pas toujours fiable. Le plus souvent ils sont dans des musées et classés comme pièces gallo-romaines sans pour autant avoir un dossier sérieux d'authentification. Il peut même s'agir de pièces très connues dont on parle souvent, mais dont le dossier est plus que fragmentaire ; certaines de ces faux ne présentaient même aucune datation valable. Toutes ces pièces cependant ont été retenues quand leur forme générale les intégrait assez bien aux faux de l'époque gallo-romaine bien datées. Une coupure chronologique franche portant uniquement sur l'époque gallo-romaine a semblé difficile à faire pour les outils agricoles de coupe à lame et à manche, autres que les faux et des outils de l'Âge du fer ont été pris en compte pour mieux les intégrer dans un ensemble cohérent.

Dans le tableau résumé, fait pour chaque catégorie d'outil, la fiabilité de la datation a été clairement indiquée.

[1] Steensberg A. , *Ancient harvesting implements*, Copenhague, 1943, p. 101-121.

CHAPITRE 1

CLASSIFICATION GENERALE DES FAUX ET OUTILS AGRICOLES DE COUPE A LAME ET A MANCHE

-Pourquoi tout d'abord cette double appellation ?

Cette classification dépasse donc, nous l'avons dit, le seul cadre des faux gallo-romaines. Certains outils agricoles de coupe à lame et à manche en bon état de conservation, assez voisins des faux « stricto sensu » quant à leur forme et leur utilisation, mais existant avant l'époque gallo-romaine, ont été retenus. D'autant qu'une évolution vers la « vraie faux » est apparue au début de cette période pour ces outils.

Base du classement et les raisons de ce choix.

La base du classement repose sur deux éléments :

Type de coupe.

-la coupe frontale.

-la coupe latérale.

Profil de la lame de coupe.

-le profil symétrique de la section de la lame.

-le profil dissymétrique de la section de la lame.

Au total quatre critères ont été retenus et il nous faut donner les raisons de ce choix

1.1) Le type de coupe.

Cette division repose sur une <u>hypothèse</u> qui a été développée en **Annexe C1** qui explique assez bien le développement exclusif des faux. Cette hypothèse devrait être confirmée ultérieurement par des essais et des études complémentaires, mais d'ores et déjà elle permet d'établir une classification correspondant à des critères techniques.

1.1.1. Frontale.

La coupe frontale (**voir Annexe C1** et figure ci dessous) est une coupe qui s'effectue sensiblement face à la tige par « décohésion brutale ». Sous l'effet du *choc*, si le tranchant est bien affûté, il fait une *entaille* sur la tige et celle-ci, fragilisée, se rompt perpendiculairement aux fibres. L'amorce de rupture constituée par l'entaille est le point de départ de ce que l'on appelle une rupture fragile ou « décohésion brutale ». Ce type de rupture, bien connu des métallurgistes[2], demande une énergie de coupe plus faible à section égale.[3]

1.1.2.) Latérale avec sciage.

La coupe avec frappe latérale (**voir Annexe C1** et figure 1 ci-dessous) effectue une forme de sciage, la lame effectuant un arc de cercle, qui fait apparaître une *entaille plus profonde*. La coupe s'effectue ensuite comme précédemment sous *le choc* par « décohésion brutale » ou rupture fragile. La

---

[2] (Pour introduction) Pluvinage G., Brève histoire de la mécanique de rupture, ENIM, Université de Metz.

[3] Note : L'effet d'entaille est caractérisé par le fait que la résistance à la rupture d'une section entaillée est très notablement réduite. Plus l'entaille est étroite, à profondeur égale, plus la résistance sera faible (voir Annexe C1).

C'est la notion de ténacité, qui caractérise la résistance d'un matériau à la rupture par fissuration. Plus un matériau est fragile (exemple le verre) plus une petite fissure le casse à cet endroit.

présence d'une entaille profonde comme cela a été examiné en **Annexe C1**, peut réduire l'effort à fournir de 1 à 5 selon sa forme.

L'effort demandé de la sorte au faucheur est considérablement réduit, mais cela demande bien sûr un affûtage régulier pour assurer la profondeur de l'entaille. Le martelage du taillant sur une enclume vient compléter épisodiquement l'affûtage quand celui-ci devient insuffisant pour avoir une bonne entaille. Le faucheur ne s'y trompe pas puisque de lui-même, quand la faux ne coupe plus, il affûte le taillant avec sa pierre et le martèle le cas échéant.

La coupe qui est appelée ici latérale a permis un grand développement de la faux et elle justifie son développement important jusqu'au XX° siècle.

Coupe frontale.

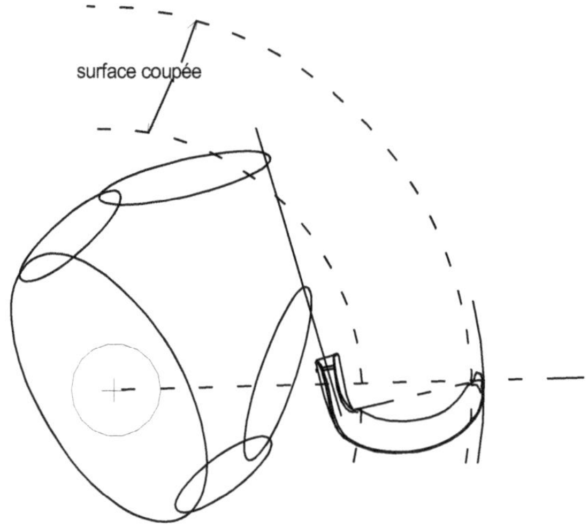

Coupe latérale d'une faux.

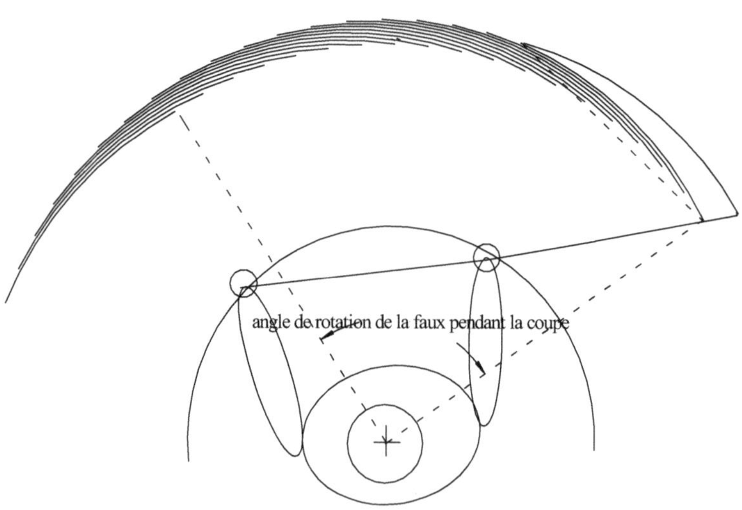

Figure 1. Mode de coupe

En résumé :

-Selon notre hypothèse on a deux modes de coupe sensiblement identiques sur le produit par « décohésion brutale» ou rupture fragile sous choc[4], la différence essentielle provient de l'entaille profonde dans le cas de la coupe latérale qui réduit l'effort.

-La coupe frontale qui est le mode courant de l'âge de bronze à l'époque romaine, a perduré jusqu'à l'époque contemporaine pour des outils spécialisés. Cela apparaît en effet encore dans les faux

[4] Il faudrait pour être plus précis introduire la notion de vitesse d'impact.

de frappe en usage au début du XX°, telles les faux russes type « Gobuscha » ou en allemand « Hausense »[5](faux de frappe). Ces faux, avec un petit manche coudé, coupaient alternativement l'herbe à droite et à gauche, sans discontinuer, en coupe frontale. Le retournement se faisait par un effet de manivelle sur le manche.

-La coupe latérale initiée par un certain sciage est apparue à fin de l'Âge du fer en Norique, sur les sites de Idria près Baca en Slovénie actuelle, de Gurina en Carinthie (année zéro de notre ère) avec des faux assez peu différentes [6]de celles du début XX°.

1.2.) Le profil de la lame.

Quel est le profil de la lame ? Celui-ci a-t-il une forme de triangle isocèle ou de triangle rectangle ? Selon le cas, le profil est donc symétrique ou dissymétrique.

1.2.1.) Lame à profil symétrique.

La lame à profil symétrique correspond à des outils agricoles de coupe à manche pouvant travailler dans les deux sens. Dans les découvertes de La Tène par Paul Vouga[7], une lame au moins a un profil symétrique. Pour certains, elle est vraisemblablement l'ancêtre des « Hausense » (faux de frappe) [8]et plus près de nous elle est représentée par la faux russe à coupe alternative « Gorbuscha ».

Une lame à profil symétrique en forme de croissant a été retrouvée au Danemark, datée du I°au III° siècle ap. J.-C.[9] (correspondant au I° âge du fer nordique), avec un manche coudé en "forme de genou" encore présent, qui justifie là aussi un retournement par effet manivelle. C'est-à-dire que cet outil travaillait alternativement à droite puis à gauche comme la Gorbuscha. (**Voir Annexe C2**)

Devait être retenu également dans la classification un type de faux à lame symétrique utilisé en Arménie[10] (**voir Annexe C2**). La lame est fixée au bout d'un manche long présentant en son milieu un coude caractéristique en forme de manivelle. La faux était alternativement utilisée à droite et à gauche.

On ne peut pas affirmer pour autant, en l'absence du manche, que tous les outils agricoles de coupe à lame de profil symétrique et à manche travaillaient alternativement dans les deux sens. Il a donc été jugé prudent de réserver une option particulière dans le tableau synoptique de la classification, D'autant qu'il existe des outils contemporains de débroussaillage qui peuvent travailler dans les deux sens.

1.2.2.) Lame à profil dissymétrique.

- La lame à profil dissymétrique correspond à un outil qui ne peut travailler que dans un sens. La faux, habituellement utilisée depuis la fin de l'âge du fer, correspond à cette définition. Des outils agricoles à lame et à manche droit découverts sur le site de La Tène[11], bien que n'appartenant pas strictement aux faux, en font partie.

---

[5] Vilkuna K., *Die Heumahd mit der Hausense*, Bonn, 1972.
[6] Ce thème sera repris en détail dans l'étude détaillée du catalogue en 2°partie.
[7] Vouga P., *La Tène, monographie de la station*, Leipzig, 1923.
[8] Richard Pohanka dans sa classification (Pohanka R., *B.A.R., I. S. 298*,1986, Textabildung 8) avait indiqué qu'à l'origine des faux se trouvait la faux de frappe type « Hausense ». Il reprend d'ailleurs les arguments de Josef Zeitlinger, *Jahrbuch des Vereines für Landeskunde und Heimatpflege im GauOberdonau*, Linz 1944). Cela peut être un sujet de discussion.
[9] Steensberg A., Ancient harvesting implements, Copenhague, 1943, fig. 39, p. 108.
[10] Bdoyan V. H., Erkvagorcakan msakogt'o Hayastenovom' (La civilisation agricole de l'Arménie), Erivan, *Edition de l'Académie des sciences de l'RSS d'Arménie*, 1972, XVI, n°4, p. 363
[11] Vouga P., *op. cit.*.

1.3.) Caractéristiques essentielles d'une faux.

Il a été jugé utile de définir les caractéristiques d'une « vraie faux » pour bien préciser la division des outils faite dans la classification.

-La faux est un outil agricole de coupe à lame courbe, et cette lame est manœuvrée par le faucheur avec les deux mains à l'aide d'un *long* manche.

- La lame fait une rotation autour de l'axe du faucheur en restant parallèle au sol.

-La coupe ordinaire des faux est une *coupe latérale*, ce qui impose un angle donné entre le taillant de la lame et le manche[12].

Conclusion concernant la classification.

La distinction faite entre outils agricoles à coupe frontale et les outils agricoles à coupe latérale est un critère important mais qui repose sur *une hypothèse vraisemblable.* Elle permet une classification relativement cohérente.

-En accord avec la classification proposée, nous pensons qu'il faudrait réserver le terme « **faux** » aux outils agricoles à **coupe latérale**. C'est d'ailleurs sous cette forme que son développement et son utilisation ont été importants depuis sa découverte du début du premier siècle apr. J.- C. jusqu'au XX° siècle. Que la lame ait un profil symétrique ou non ne change pas vraiment les efforts à fournir, mais conditionne seulement la manipulation de l'outil.

Cette appellation **« faux »** pour tous les outils agricole de coupe à lame et à manche a été, faute de définition technique précise, souvent utilisée de façon discutable. Elle est à l'origine d'interprétations ambiguës[13] dans les traductions des auteurs latins comme Columelle et Pline l'Ancien notamment comme nous le verrons plus loin.

-Les outils agricoles à lame et à manche de **coupe frontale** utilisés depuis l'âge du bronze ont suivi une évolution parallèle et certaines formes de ces outils existaient encore au XX° siècle. La très grande diversité de formes et de dimensions des lames découvertes (les manches trouvés sont rarissimes) les font souvent confondre avec d'autres outils de coupe, notamment à poignée, d'autant que nombre d'outils de ce type ne sont pas découverts entiers.

Dans l'immédiat on devra se contenter de dire que **ce ne sont pas des « faux ».**

L'absence d'appellation spécifique et de classement pour ce groupe d'outils est par ailleurs regrettable, mais c'est une autre voie de recherche.

La classification proposée est présentée ci-après par un tableau synoptique.

[12] Note : De 70° à 90°degrés entre le rayon de giration selon la longueur de la lame (distance entre l'axe du faucheur et le taillant de la faux) et la corde du taillant. Sans que l'on puisse ici définir la valeur exacte (pour plus de détail voir Annexe C1)

[13] Le Gall Joël, Les « falses » et la « faux », *Etudes d'Archéologie Classique*, II, Paris, 1959, p. 53-71

Classification
Outils agricoles de coupe à lame et à manche

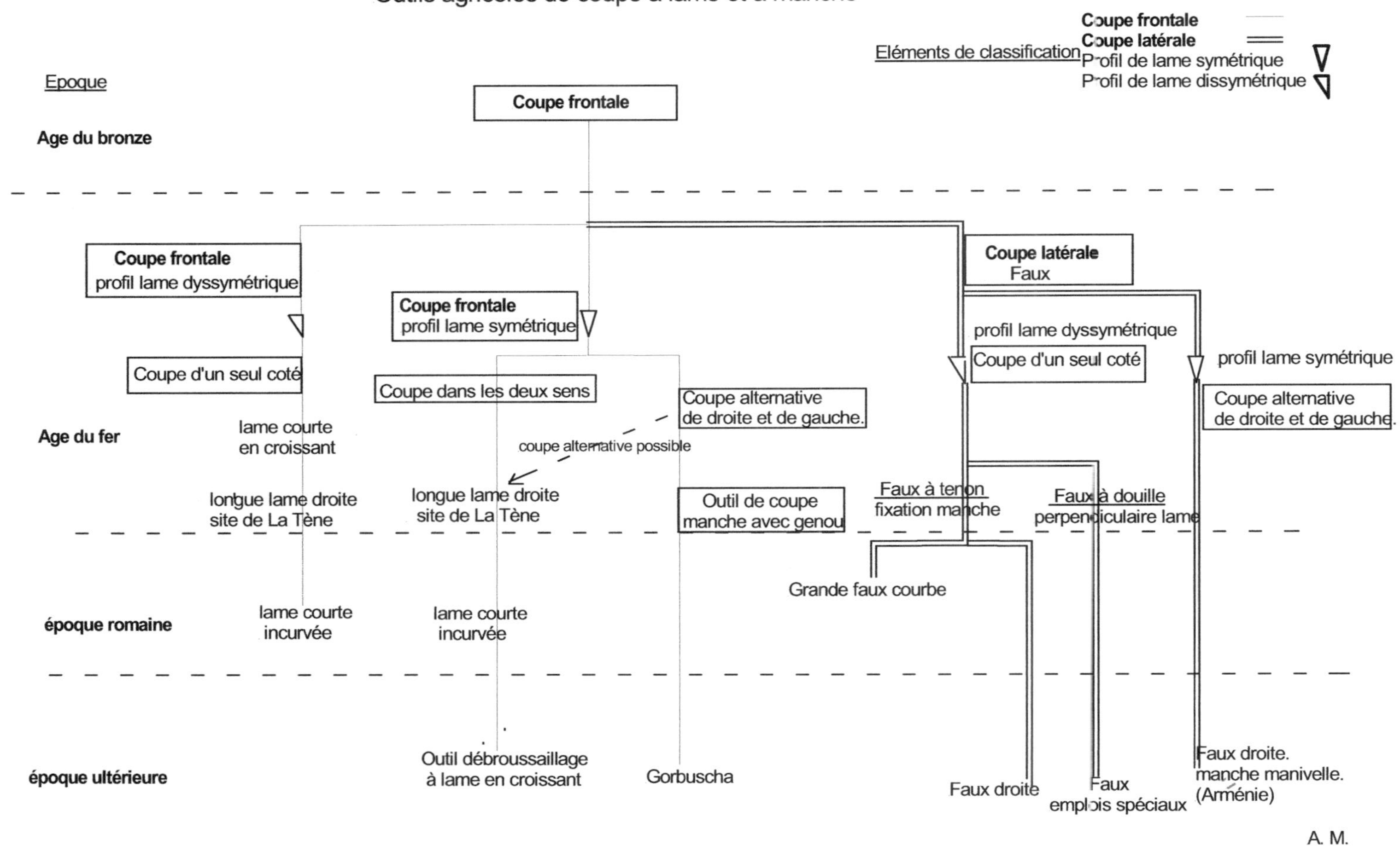

CHAPITRE 2

LE CLASSEMENT DU CATALOGUE

2.1.) Regroupement par types.

Toutes les pièces découvertes ont été regroupées par types d'outils

2.1.1.) Grandes faux gallo-romaines.

Les grandes faux courbes entières sont la base de ce catalogue. N'ont été retenues ici que les faux de ce type découvertes en bon état en Gaule. Les faux droites, bien que représentées dans la stèle de Vesoul, n'ont pas été trouvées à ce jour en Gaule.

Les deux grandes faux de Chamoson, canton de Vaud, Suisse (Alpes Pennines, donc hors de la Gaule) ont été prises en compte. Elles sont généralement admises comme gallo-romaines de part leur forme et classées comme telles, mais leur datation peut laisser quelques doutes.

Repère : **GF.rom**

2.1.2.) Eléments de grandes faux gallo-romaines.

Des éléments de grandes faux suffisamment importants ont été retenus pour essayer de les introduire dans les classifications particulières. Toutefois cette démarche, qu'il fallait tenter, n'est pas toujours couronnée de succès.

Repère : **e.GF.rom**

2.1.3.) Petites faux.

Sont réunies sous cette appellation des faux de très petites dimensions. Elles ont été découvertes dans divers endroits de la Gaule pour l'époque romaine. Comme elles étaient en bon état il a paru utile de les prendre en compte.

Repère : **f.rom**

2.1.4.) Outils agricoles de coupe à lame et à manche.

Comme déjà évoqué précédemment tout un groupe d'outils agricoles à lame et à manche se différentie assez nettement des grandes faux courbes. Ce sont des outils de coupe entiers à vocation agricole, qui étaient en assez bon état et pouvaient donc ainsi être l'objet de mesures dimensionnelles valables. Il existe aussi de nombreuses pièces de formes incertaines, réparties dans toute la Gaule, leur sélection aurait nécessité une étude en soi et elles n'ont pas été retenues.

Ces instruments vont de l'époque de La Tène inclue à l'époque romaine. Pour faciliter la comparaison il a été jugé bon de reprendre deux outils de coupe agricole découverts par Paul Vouga[14] sur le site de La Tène. Pour ces instruments de coupe, la recherche n'a pas été exhaustive, comme pour celle des faux.

Ces outils sont divisés en deux catégories :

Les outils à lame de coupe de profil symétrique, repère : **Oc.a.sy** et de profil dissymétrique, repère : **Oc.a.dis**

---

[14] Vouga P., *op. cit.*.

2.1.5.) Faux à emmanchement à douille, perpendiculaire à la lame.

Des faux entières de forme spéciale et en bon état, mais retrouvées en nombre insuffisant pour être retenues, ont été classées à part.

Ces outils ont des lames assez courtes avec un emmanchement à douille, ou de type voisin, sensiblement perpendiculaire à la lame. Leur datation s'étend de l'Epoque de La Tène au Moyen-Âge. Ces faux posent donc une énigme car si cette sorte de faux ont été employée au Moyen-Âge, il semblerait qu'elles existaient depuis l'époque de La Tène. Certes la datation peut toujours être mise en cause mais devant cette incertitude, il a été jugé bon de les regrouper. Dans l'étude proprement dite ce sujet sera spécialement évoqué.

Repère : **f.dp**

2.2.) Caractéristiques dimensionnelles.

Pour faciliter le classement, les caractéristiques dimensionnelles principales ont été relevées sur un dessin technique de représentation, qui n'indique que les dimensions importantes.

Sur ces dessins, les pièces et leur forme sont mesurées à partir de la corde du taillant.

2.2.1.) Les caractéristiques dimensionnelles des grandes faux gallo-romaines.

Les critères dimensionnels retenus pour les grandes faux sont issus de l'étude technique de fonctionnement des faux (voir **Annexe R1**).

Chaque lame de faux a trois caractéristiques principales :

La corde qui relie les deux extrémités du taillant de la lame de faux

L'angle de ce taillant avec le tenon de fixation de cette lame.

L'angle que fait le plat de lame avec ce tenon.

Ces indications sont figurées, avec d'autres, sur la figure ci –après.

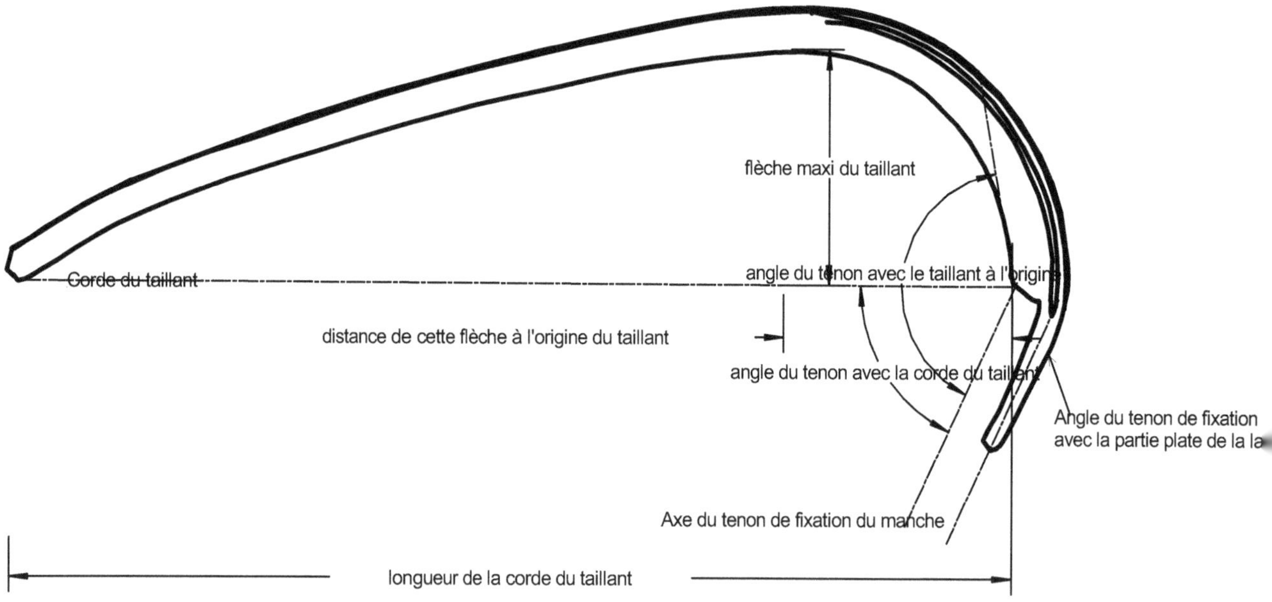

fig. 2 : Caractéristiques dimensionnelles et technique d'une grande faux.

2.2.2.) Caractéristiques dimensionnelles des outils agricoles de coupe à lame et à manche.

L'analyse dimensionnelle de ces outils agricoles est figurée dans les dessins ci-après. Les formes de ces outils sont diverses et c'est pourquoi il a été jugé bon d'en représenter trois types. Cela correspond en gros aux types d'outils qui ont été découverts mais ce n'est pas limitatif.

Le point essentiel est la division générale en deux groupes principaux : outils à profil de lame symétrique et outils à profil de lame dissymétrique.

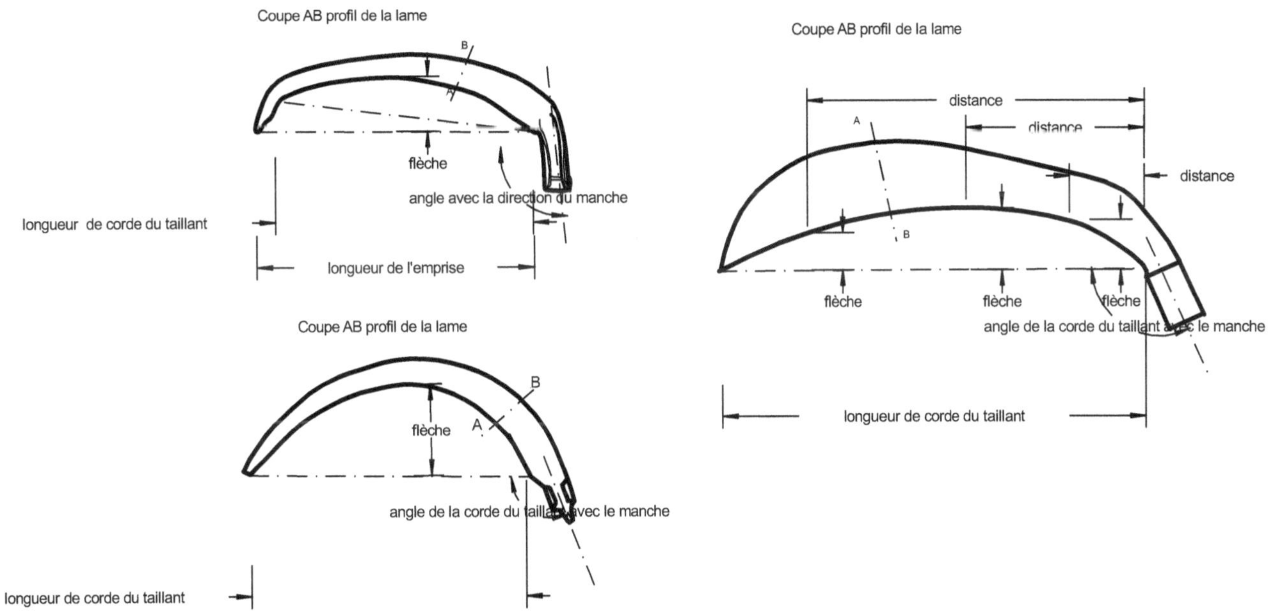

Fig. 3 : Représentation des outils agricoles de coupe autre que les faux

CHAPITRE 3

TABLEAUX DE SYNTHESE

Des tableaux de synthèse des pièces représentées sont joints ci-après. Un numéro de repère est donné dans chaque cas et il est repris dans les représentations. Ces tableaux ne servent qu'à faciliter la lecture du catalogue, c'est-à-dire que les renseignements mentionnés sont réduits au minimun. Une carte de la Gaule a été jointe au catalogue avec les emplacements des découvertes ou le cas échéant des lieux de dépôt, pour faciliter la compréhension et pour avoir une vue globale de la répartition.

3.1.) Grandes faux gallo-romaines

Repère	Type d'outil	Lieu de découverte	Lieu de dépôt	datation
1.GF.rom	Grande faux	Vannaire près de Vix (21)	Musée de Chatillon sur Seine 21	Gallo-romain
2.GF.rom	Grande faux	Vannaire près de Vix (21)	Musée de Chatillon sur Seine 21	Gallo-romain
3.GF.rom	Grande faux	Malain (21)	Musée de Dijon (21)	Gallo-romain
4 GF.rom	Grande faux	Inconnu	Musée de Dijon (21)	Sans datation reconnue
5.GF.rom	Grande faux	Inconnu	Musée de Dijon (21)	Sans datation reconnue
6.GF.rom	Grande faux	Inconnu	Musée de Chaumont (52)	Sans datation reconnue
7.GF.rom	Grande faux	Chamoson VS, CH	Musée de Sion VS, Suisse.	Admis comme gallo-romain
8.GF.rom	Grande faux	Chamoson VS, CH	Musée National de Zurich, Suisse.	Admis comme gallo-romain
9.GF.rom	Grande faux	Reinhein ,Sarre, Allemagne. (pres de Bliesbruck 57)	Musée de Sarrebruck Sarre, Allemagne.	Gallo-romain
10.GF.rom	Grande faux	Auzainvillers (88)	Musée Lorrain de Nancy (54)	Classée comme gallo-romain
11.GF.rom	Grande faux	Inconnu	Musée de Lons le Saunier (39)	Classée comme romaine mais sans confirmation
12.GF.rom	Grande faux	Draguage de la Saône, découverte ancienne (1855)	Musée Denon, Chalon sur Saône (71)	Classée comme gallo-romain d'après sa forme
13.GF.rom	Grande faux	Verjux près de Verdun sur Doubs (71)	Musée Denon, Chalon sur Saône (71)	Gallo-romain II° siècle ap. J.C.
14.GF.rom	Grande faux	Poitiers (86) Lieu dit : vieux Poitiers	Musée de Chatelleraux (86)	Gallo-romain. II° siècle.
15.GF.rom	Grande faux	Puits gallo –romain à Froidmont , Belgique	Musée de Framioul 4044 Belgique	Gallo-romain
16.GF.rom	Grande faux	Philippeville Belgique	Dépôt au Musée de Treignes. Belgique	Gallo-romain

3.2.) Eléments de grandes faux gallo-romaines.

Repère	Type d'outil	Lieu de découverte	Lieu de dépôt	datation
1 e.GF.rom	Partie principale de grande faux	Compiègne (60)	M.A.N. St Germain en Laye (78)	Découverte ancienne (gallo-romain)
2 e.GF.rom	Partie principale de grande faux	Compiègne (60)	M.A.N. St Germain en Laye (78)	Découverte ancienne (gallo-romain)
3 e.GF.rom	Partie principale de grande faux	Inconnu	Musée de Dijon(21)	Classé avec les objets gallo-romains
4e.GF.rom	Partie principale de grande faux	Etalon (80190)	Mr Hadengue Etalon (80190)	Gallo-romain
5 e.GF.rom	Partie principale de grande faux	Mancey (71240), près de Tournus	Mr Duriaud (71240 Vers)	Gallo-romain.
6 e.GF.rom	Partie principale de grande faux	Hettange-Grande (57)	Musée de Thionville (57)	Gallo-romain.

3.3.) Petites faux gallo-romaines.

Repère	Type d'outil	Lieu de découverte	Lieu de dépôt	datation
1. f.rom	Très petite faux	Reinheim, Sarre, Allemagne, à proximité immédiate de Bliesbruck (57)	Musée de Reinheim, Sarre, Allemagne.	Gallo-romain
2. f.rom	Très petite faux	Andilly en Bassigny (52) Villa gallo-romaine	Conservation départementale de Chaumont (52)	Gallo-romain
3. f.rom	Très petite faux	Fouille ancienne. Villiers-aux-Chênes (52)	Musée de Chaumont (52)	Gallo-romain ?
4.f.rom	Petite faux	Etalon (80190)	Mr Hadengue Etalon(80190)	Gallo-romain

3.4.) Faux à douille perpendiculaire à la lame.

Repère	Type d'outil	Lieu de découverte	Lieu de dépôt	datation
1 F.d	Faux à douille perpendiculaire	Haut Béarn (64)	Musée de Bayonne	Début Moyen-Age
2 F.d	Faux à douille perpendiculaire	Fort Harrouard (Eure et Loir)	M.A.N. St Germain en Laye (78)	La Tène III ou plus tardive (V°)
3 F.d	Faux à douille perpendiculaire	Inconnu	Musée de Tournus (71)	Classé avec les pièces romaines
4 F.d	Faux à fixation perpendiculaire	Muizen, près de Malines, Belgique.	Jean Croles, Malines, Belgique	Retrouvé dans un puits avec des pièces romaines
5 F.d	Faux à fixation perpendiculaire	Pommeroeul (Belgique)	Inconnu à ce jour	Dans fouille de toute époque depuis celle de La Tène

3.5.) Outils agricoles de coupe à lame et à manche.
Coupe lame symétrique

Repère	Type d'outil	Lieu de découverte	Lieu de dépôt	datation
1 Oc.a. sy	Outil de coupe à manche	La Tène près de Neufchatel Suisse	Musée de Bienne Suisse	La Tène C
2 Oc.a. sy	Outil de coupe à manche	Acy-Romance (08)	Musée de Charleville (08)	La Tène D1 A
3 Oc.a. sy	Outil de coupe à manche	Pommeroeul Belgique	Musée de Pommeroeul, Belgique	La Tène (non précisé)
4 Oc.a. sy	Outil de coupe à manche	Vienne (69)	Musée de Vienne (69)	Gallo-romain

3.6.) Outils agricoles de coupe à lame et à manche.
Coupe lame dissymétrique

Repère	Type d'outil	Lieu de découverte	Lieu de dépôt	datation
1 Oc.a.dis	Outil de coupe à manche	La Tène près de Neufchatel, Suisse	Musée de Bienne Suisse	La Tène C
2 Oc.a.dis	Outil de coupe à manche	Troyes (10)	Musée de Troyes (10)	Gallo-romain
3 Oc.a.dis	Outil de coupe à manche	Saumeray (28)	inconnu	La Tène II
4 Oc.a.dis	Outil de coupe à manche	Saumeray (28)	inconnu	La Tène II
5 Oc.a.dis	Outil de coupe à manche	Malain (21)	Musée de Malain (21)	Gallo-romain. III° siècle apr. J-C.

3.7.) Total des pièces du catalogue.

Tableau résumé.

	Nombre total	**Datation gallo-romaine sûre**	**Datation La Tène sûre**
Grandes faux gallo-romaines	16	8	
Eléments de Grandes faux gallo-romaines	6	6	
Faux à douille perpendiculaire à la lame	5		1
Petite faux gallo-romaines	4	3	
Outils agricoles de coupe à lame symétrique et manche	4	1	2
Outils agricoles de coupe à lame dissymétrique et manche	5	2	3
Total	40	20	6

Répartition géographique des faux entières en Gaule

Correspondance entre numéro de la carte géographique et repère des pièces

Numéro carte	Repère	Lieu de découverte	Lieu de dépôt
1	1.GF.rom	Vannaire près de Vix (21)	Musée de Chatillon sur Seine (21)
2	2.GF.rom	Vannaire près de Vix (21)	Musée de Chatillon sur Seine (21)
3	3 GF.rom	Malain (21)	Musée de Dijon (21)
4	4 GF.rom	Inconnu	Musée de Dijon (21)
5	5.GF.rom	Inconnu	Musée de Dijon (21)
6	6.GF.rom	Inconnu	Musée de Chaumont (52)
7	7.GF.rom	Chamoson VS, Suisse	Musée de Sion, VS, Suisse.
8	8.GF.rom	Chamoson VS, Suisse	Musée National de Zurich, Suisse.
9	9.GF.rom	Reinhein ,Sarre, Allemagne.	Musée de Sarrebruck, Sarre, Allemagne.
10	10.GF.rom	Auzainvillers (88)	Musée Lorrain de Nancy (54)
11	11.GF.rom	Inconnu	Musée de Lons le Saunier (39)
12	12.GF.rom	Draguage de la Saône, (1855)	Musée Denon, Chalon sur Saône (71)
13	13.GF.rom	Verjux près de Verdun sur Doubs (71)	Musée Denon, Chalon sur Saône (71)
14	14.GF.rom	Poitiers (86). Lieu dit : vieux Poitiers	Musée de Chatelleraux (86)
15	15.GF.rom	Froidmont , Belgique	Musée de Framioul, 4044 Belgique
16	16.GF.rom	Philippeville Belgique	Musée de Treignes, Belgique
17	1 e.GF.rom	Compiègne (60)	M.A.N.,St Germain en Laye (78)
18	2 e.GF.rom	Compiègne (60)	M.A.N.,St Germain en Laye (78)
19	3 e.GF.rom	Inconnu	Musée de Dijon (21)
20	4e.GF.rom	Etalon (80190)	Mr Hadengue, Etalon (80190)
21	5 e.GF.rom	Mancey (71240), près de Tournus	Mr Duriaud, (71240 Vers)
22	6 e.GF.rom	Hettange-Grande (57)	Musée de Thionville (57)
23	1. f.rom	Reinheim, Sarre, Allemagne.	Musée de Reinheim, Sarre, Allemagne.
24	2. f.rom	Andilly en Bassigny (52)	Conservation Chaumont (52)
25	3. f.rom	Fouille ancienne	Musée de Chaumont (52)
26	4.f.rom	Etalon (80190)	Mr François Hadengue , Etalon (80190)
27	1 F.d	Haut Béarn (64)	Musée de Bayonne
28	2 F.d	Fort Harrouard (Eure et Loir)	M.A.N. St Germain en Laye (78)
29	3 F.d	Inconnu	Musée Greuze, de Tournus (71)
30	4 F.d	Muizen, près de Malines, Belgique.	Jean Croles, Malines, Belgique
31	5 F.d	Pommeroeul (Belgique)	Particulier
32	1 Oc.a. sy	La Tène près de Neufchatel, Suisse	Musée de Bienne, Suisse
33	2 Oc.a. sy	Acy-Romance (08)	Musée de Charleville (08)
34	3 Oc.a. sy	Pommeroeul, Belgique	Musée de Pommeroeul, Belgique
35	4 Oc.a. sy	Vienne (69)	Musée de Vienne (69)
36	1 OC.a.dis	La Tène près de Neufchatel, Suisse	Musée de Bienne, Suisse.
37	2 OC.a.dis	Troyes (10)	Musée de Troyes (10)
38	3 OC.a.dis	Saumeray (28)	inconnu
39	4 OC.a.dis	Saumeray (28)	inconnu
40	5 OC.a.dis	Malain (21)	Musée de Malain (21)

Carte de répartition géographique des faux entières
et des outils agricoles de coupe entiers à lame et à manche en Gaule

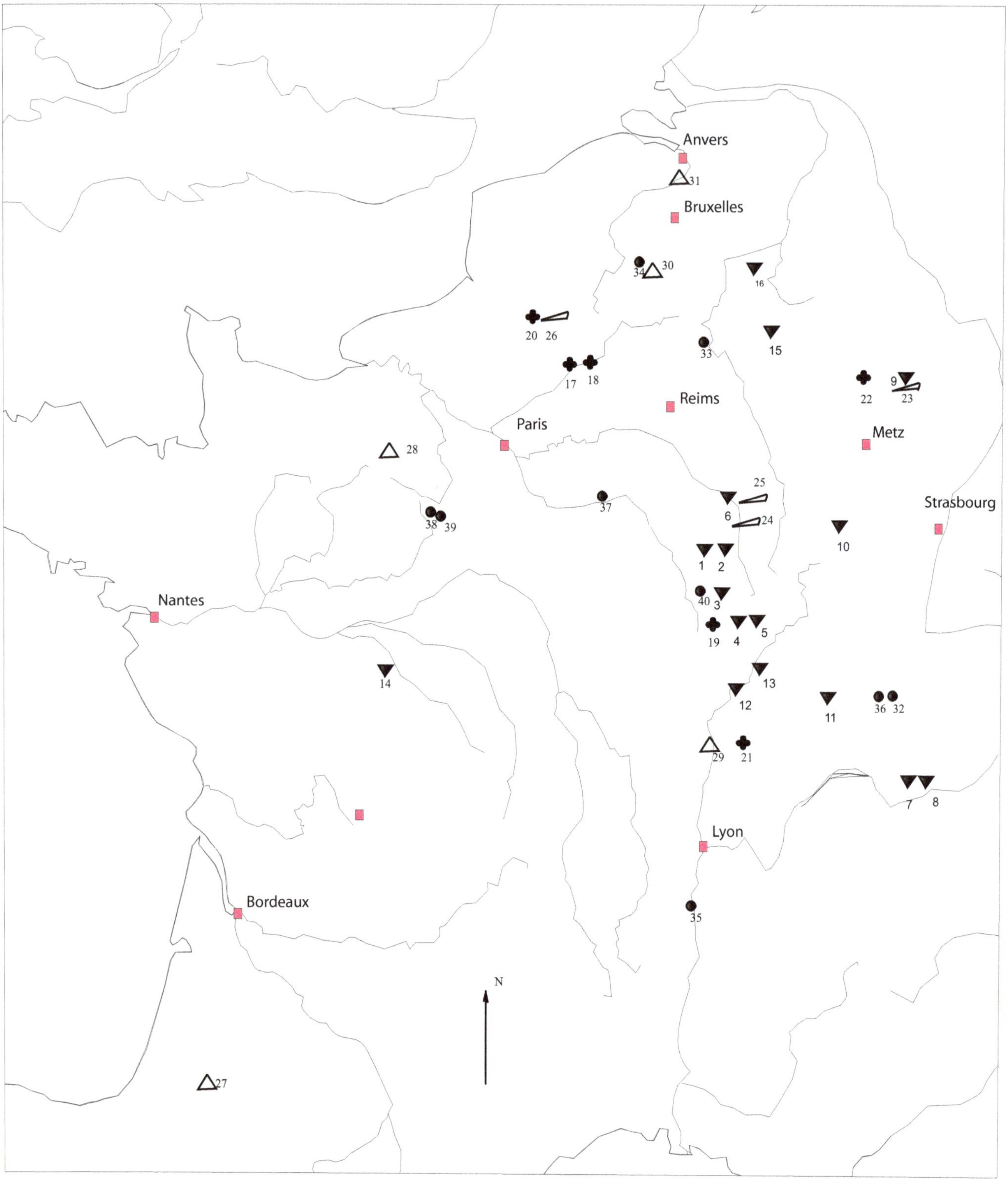

Légende

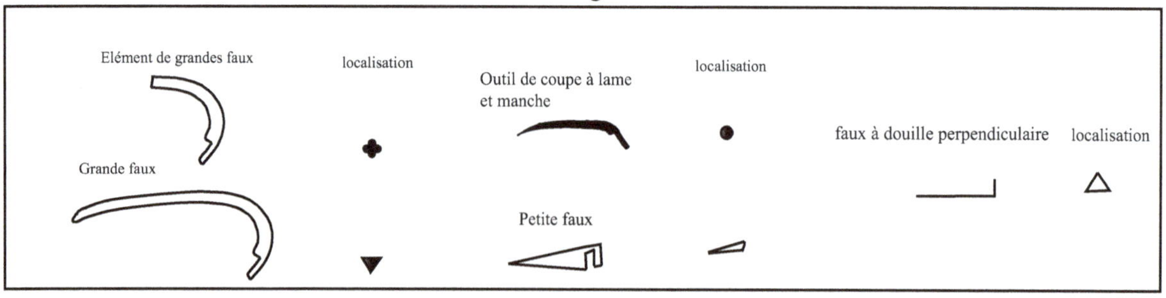

Représentation

des pièces du catalogue

Grandes faux romaines entières.

Représentation photo-numérique

Repère: 1.GF.rom

0 10 20cm

Echelle 1/5

Faux de Vannaire (rep1), près de Vix (21) villa gallo-romaine
Musée de Châtillon sur Seine (21)

André Marbach

Coupe CD
ech. 2/5

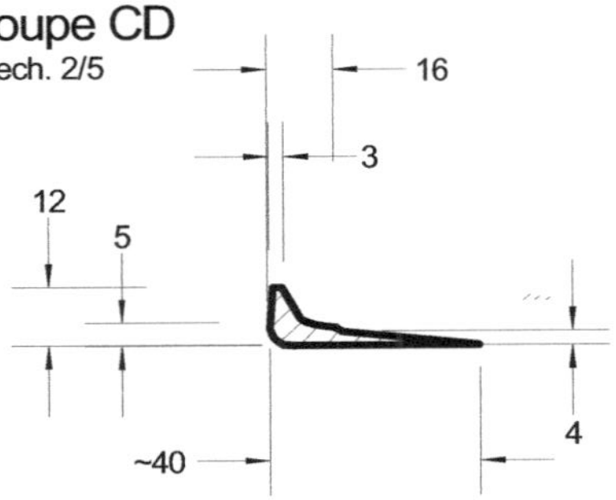

Dessin technique de représentation

(un dessin d'exécution demanderait une cotation plus importante)

Repère: 1.GF.rom

Coupe AB
ech. 2/5

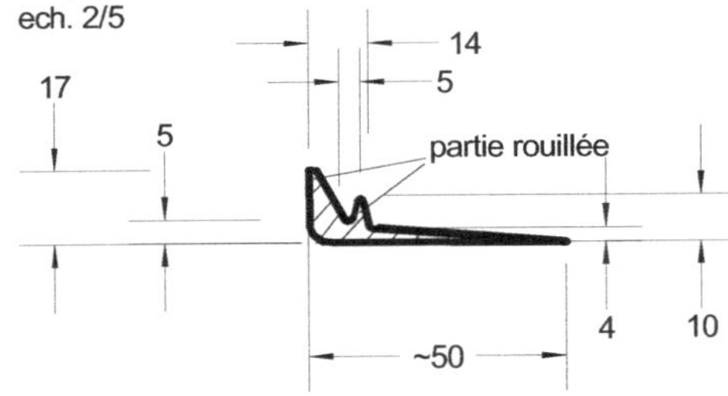

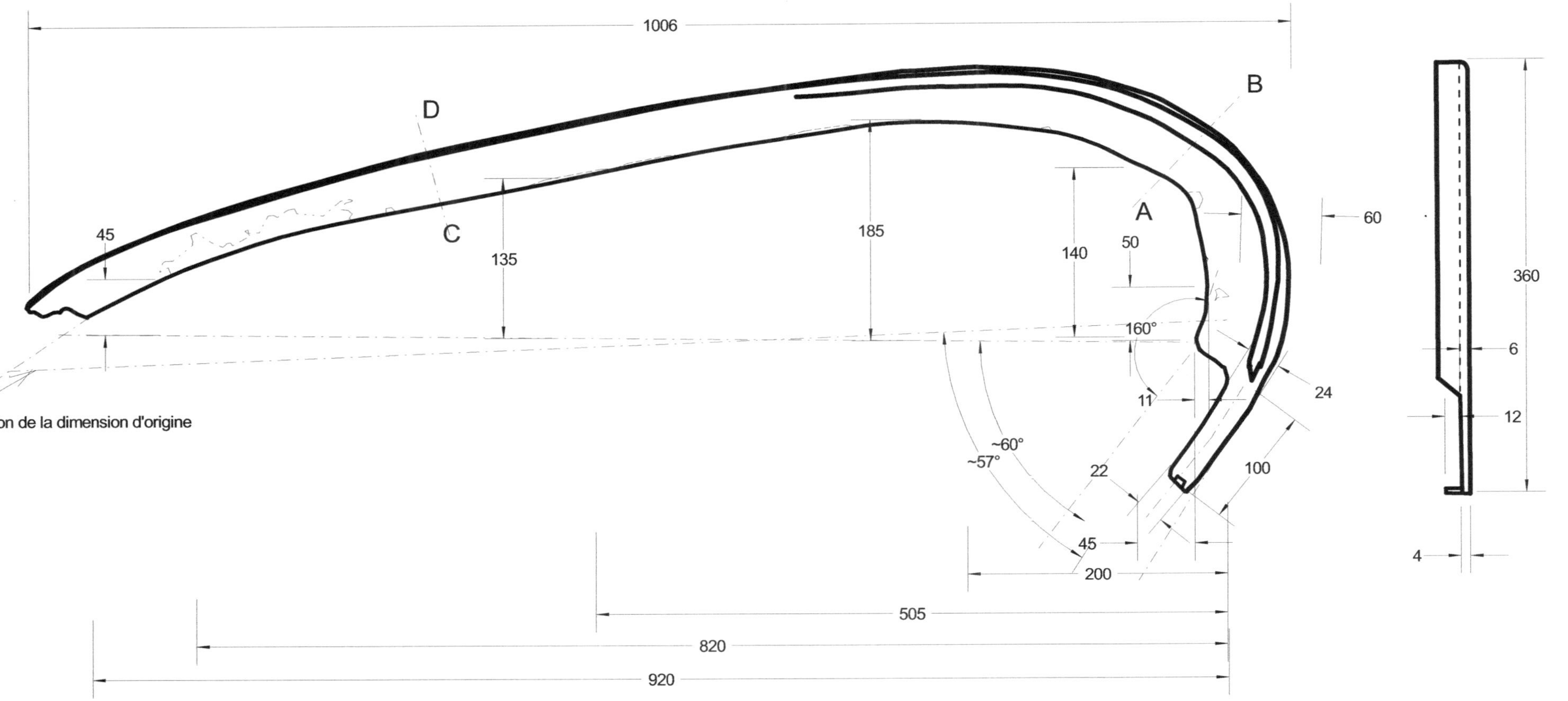

Faux de Vannaire (rep1), près de Vix (21) villa gallo-romaine
Musée de Châtillon sur Seine (21)
poids 1kg015 légèrement incomplète à la pointe et rouilleé mais la forme générale est conservée

Echelle 1/5

André Marbach

Représentation photo-numérique

Repère: 2.GF.rom

Faux de Vannaire(rep.2) près de Vix (21) villa gallo-romaine
Musée de Châtillon sur Seine (21)

0 10 20cm

Echelle 1/5

André Marbach

Dessin technique de représentation

(un dessin d'exécution demanderait une cotation plus importante)

Repère: 2.GF.rom

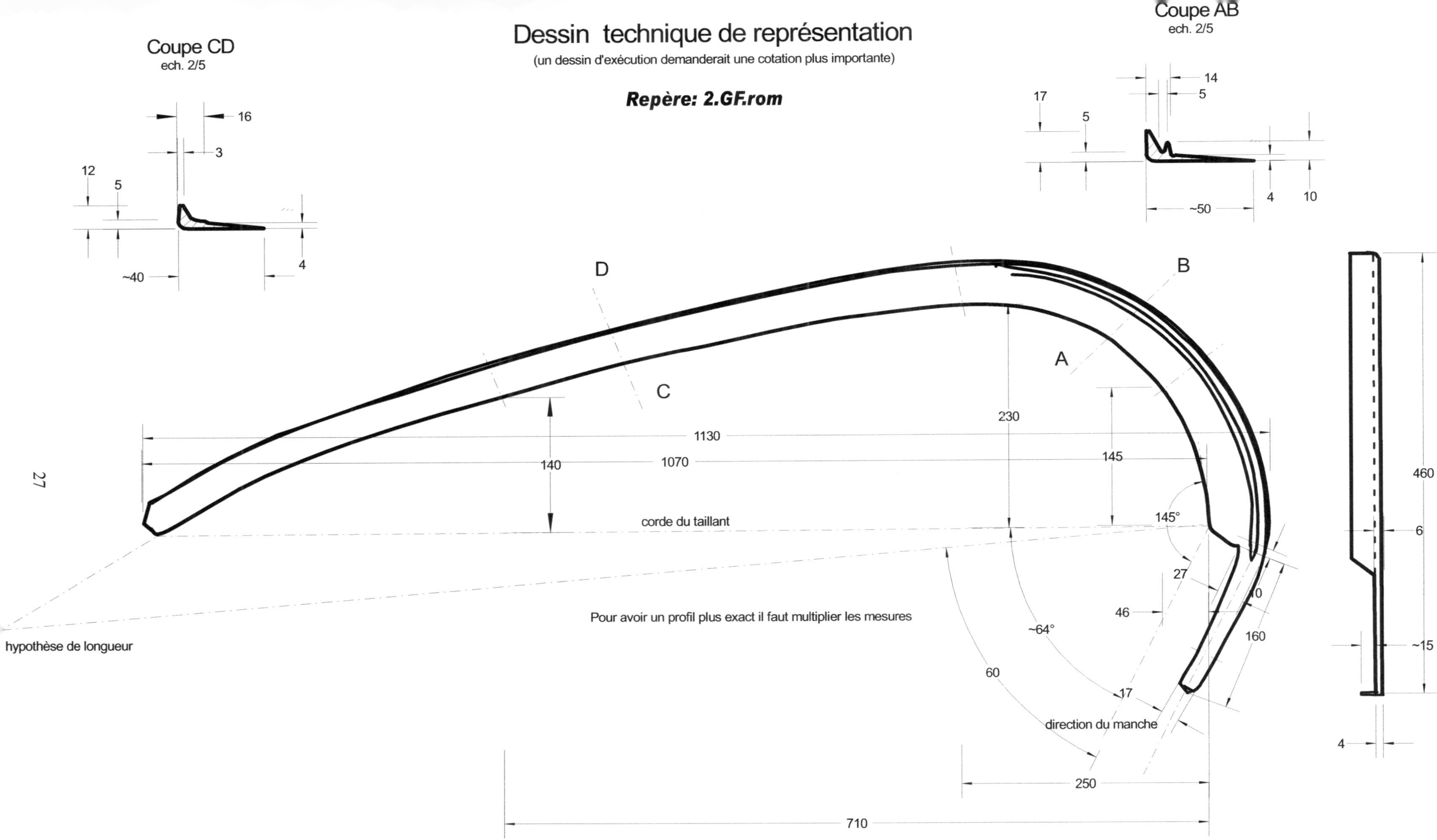

Faux de Vannaire(rep.2) près de Vix (21) villa gallo-romaine
Musée de Châtillon sur Seine (21)
. poids 1kg250 rouillée mais la forme générale est conservée

Echelle 1/5
mm
André Marbach

Dessin archéologique
(reproduction)

Repère: 3.GF.rom

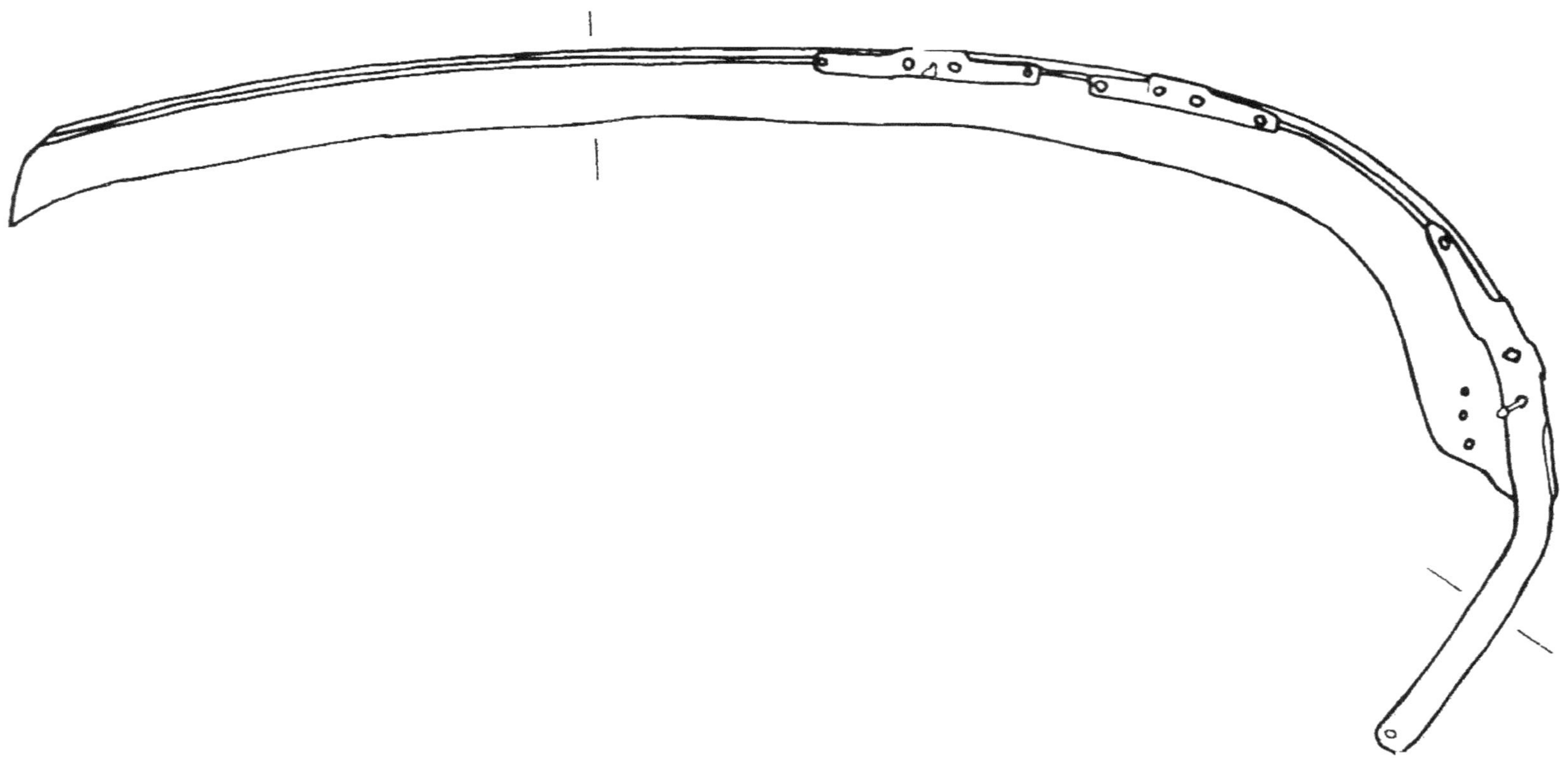

Dessin extrait de " Mediolanum" Catalogue du Musée de Dijon (21)
de M. Roussel
Numéro du Musée 988-1-551

0 10 20cm

Echelle 1/5

André Marbach

Dessin technique de représentation

(un dessin d'exécution demanderait une cotation plus importante)

Repère: 3.GF.rom

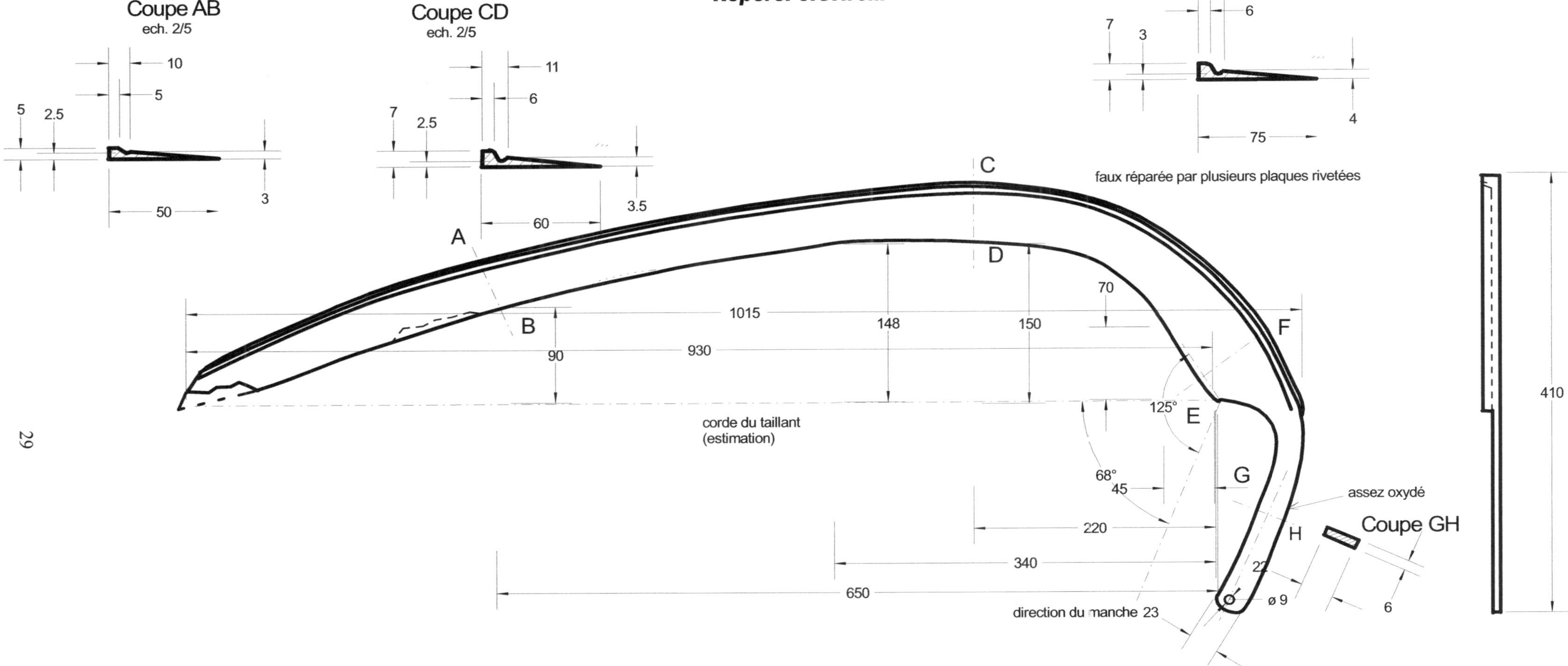

Faux de Malain (21)
dépot Musée de Dijonn
rep. 988- 1-551
Poids 1200gr très oxydée

Nota: Les pièces de réparations indiquées sur le plan archéologique ne sont pas représentées

Echelle 1/5

André Marbach

Dessin technique de représentation

(un dessin d'exécution demanderait une cotation plus importante)

Repère: 4. GF.rom

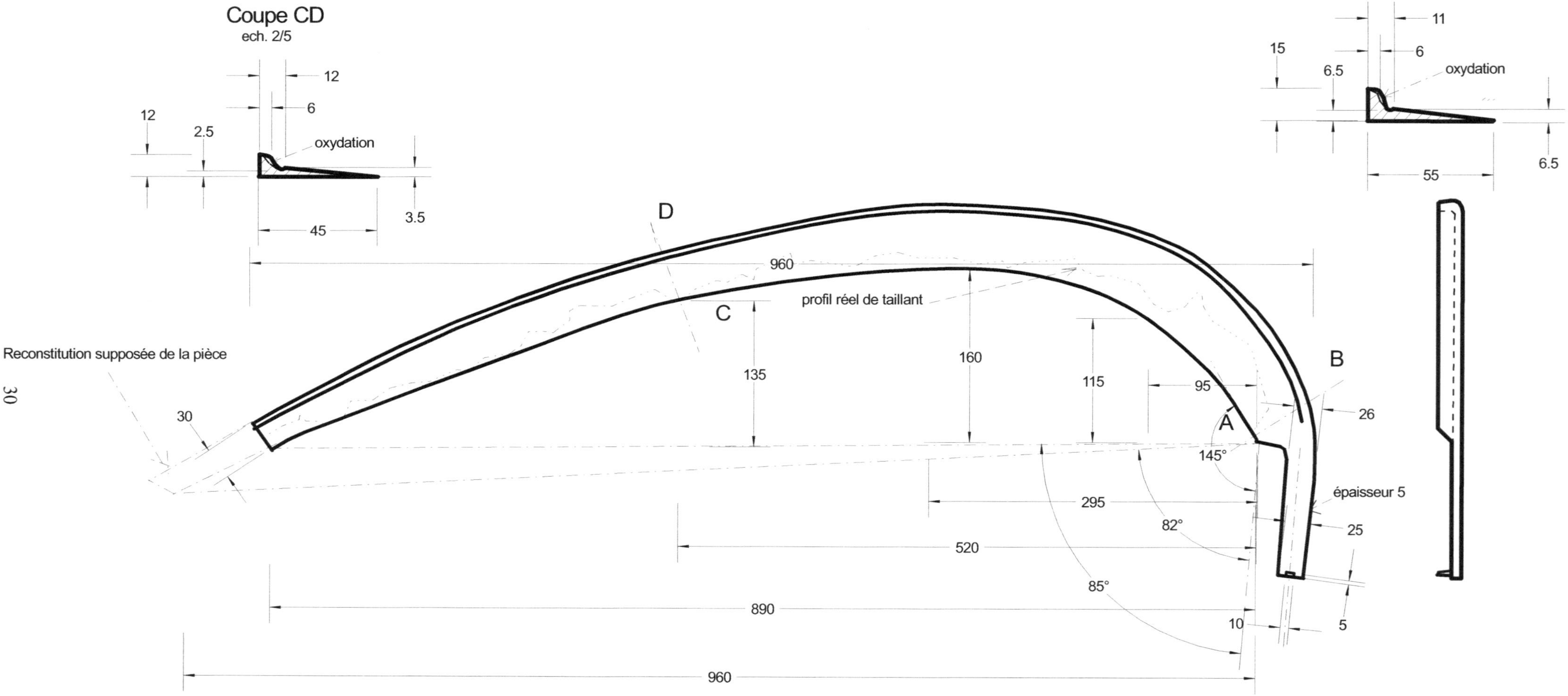

Faux en dépôt au Musée de Dijon, rep 10675
origine inconnue
pds 1kg050 mais très oxydée
Nota: le dessin a été reconstruit pour permettre l'étude la pièce, celle-ci étant très oxydée

Echelle 1/5

André Marbach

Dessin technique de représentation

(un dessin d'exécution demanderait une cotation plus importante)

Repère: 5.GF.rom

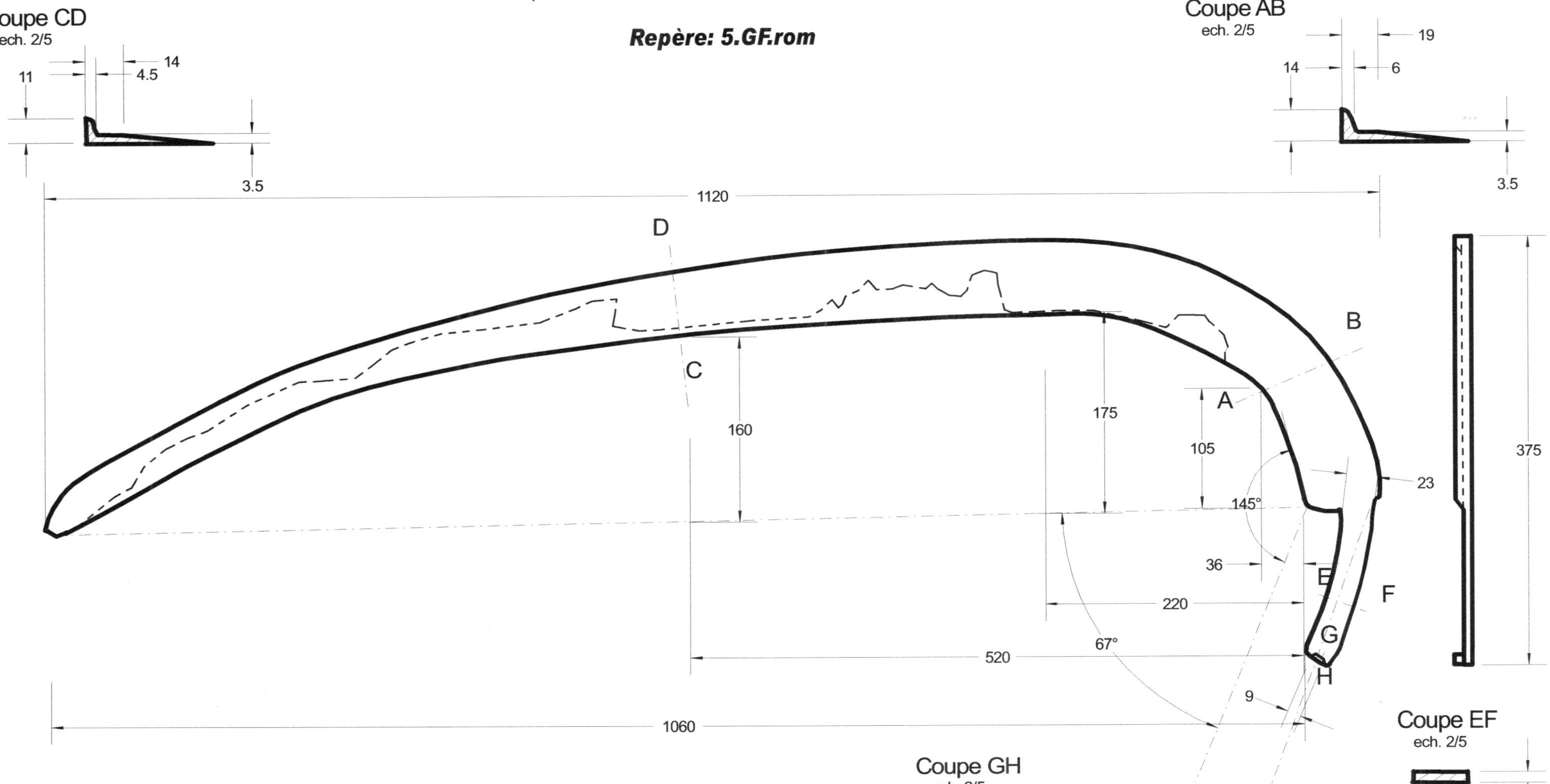

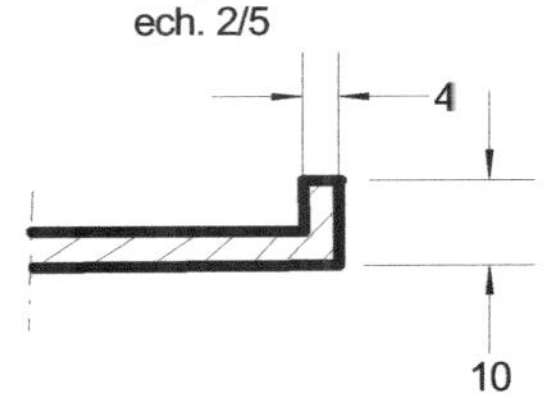

Musée de Dijon, origine inconnue, pds 1kg110

sans repère, pris en compte pour la forme générale de la faux

Nota: Etant donné l'état d'oxydation la faux a été reconstituée pour en retirer des indications techniques

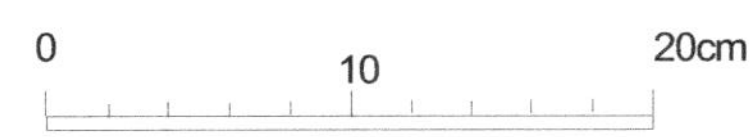

A. M.

Représentation photo-numérique.

Repère: 6.GF.rom

Musée de Chaumont (52)

Réalisé à partir de photos fournis par le Musée.
pièce issue d'un leg, sans datation.
Assez oxydée

Echelle 1/5

André Marbach

Dessin technique de représentation

(un dessin d'exécution demanderait une cotation plus importante)

Repère: 6.GF.rom

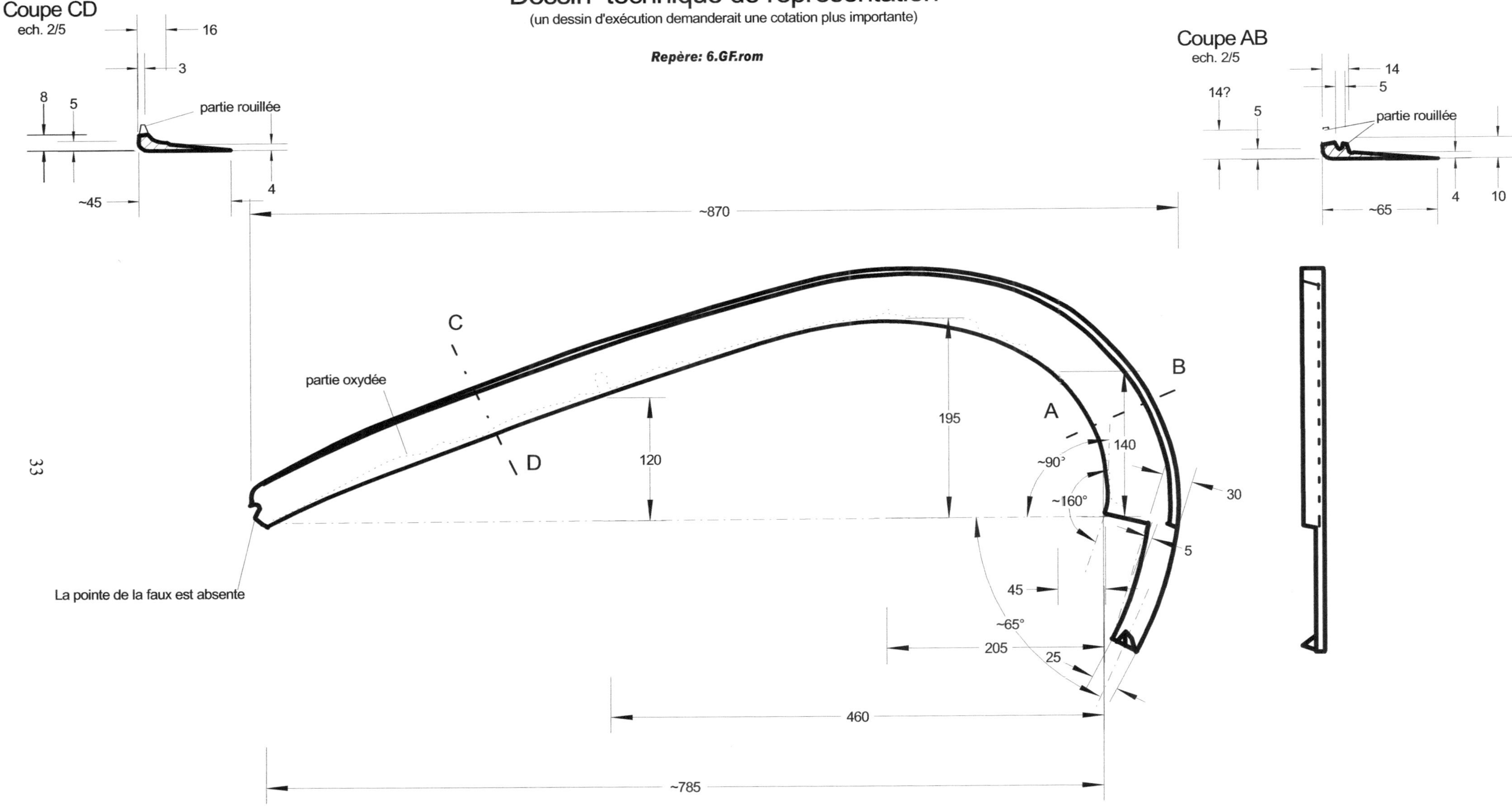

Musée de Chaumont (52)
réalisé à partir de photos fournis par le musée.
pièce issue d'un leg, sans datation.
Assez oxydée

Echelle 1/5

André Marbach

Dessin archéologique

Repère: 7.GF.rom

Faux de Chamoson, Valais, Suisse.
pièce Inv. 01401, en dépôt au Musée de Sion, Valais, Suisse
Réprésention archéologique fournie par le Musée de Sion , Valais, Suisse.
(Dessin TERA Sàrl, A. Henzen)

A. M.

Dessin technique de représentation

(un dessin d'exécution demanderait une cotation plus importante)

Repère: 7.GF.rom

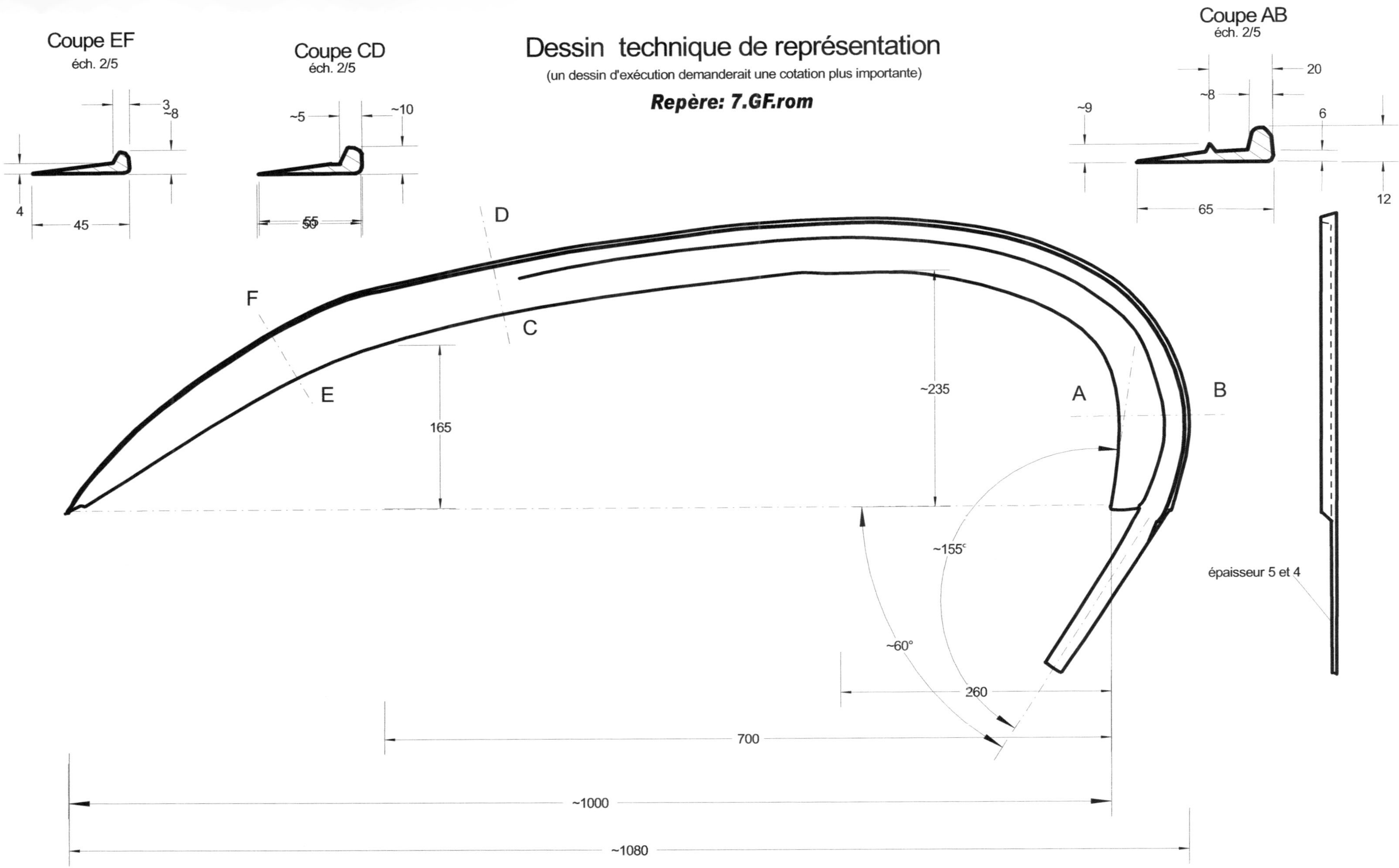

Faux de Chamoson VS, Suisse

pièce en dépôt au Musée de Sion, VS, Suisse.

Dessin effectué à partir des représentation fournies par le Musée de Sion

Echelle 1/5

André Marbach

Représentation photo-numérique

Repère: 8.GF.rom

Détail
patte de fixation du manche

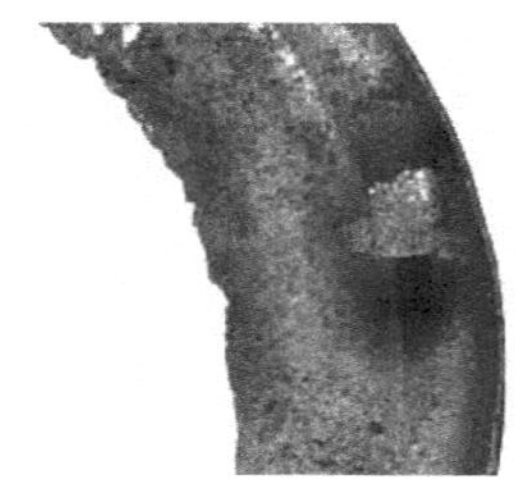

Faux de Chamoson, Valais, Suisse.

En dépôt au Musée national Suisse de Zurich. N° inventaire A-29511.

d'après photos fournies par le musée
(autorisation de reproduction).

Echelle 1/5

Marbach andré

Dessin technique de représentation

(un dessin d'exécution demanderait une cotation plus importante)

Repère: 8.GF.rom

Coupe EF
éch. 2/5

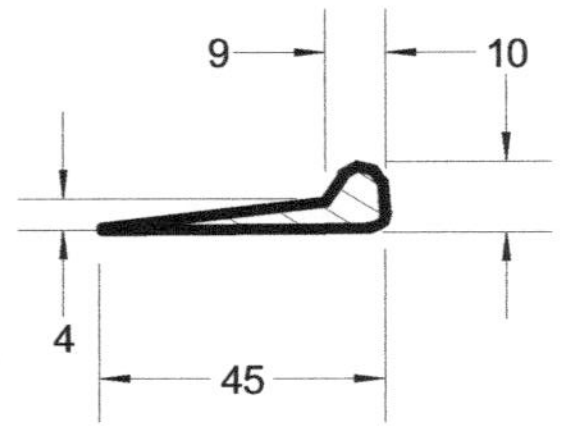

Coupe CD
éch. 2/5

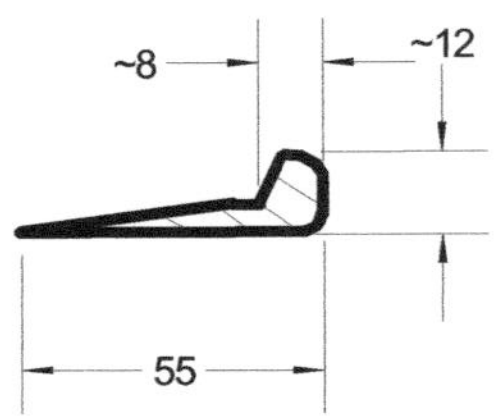

Coupe AB
éch. 2/5

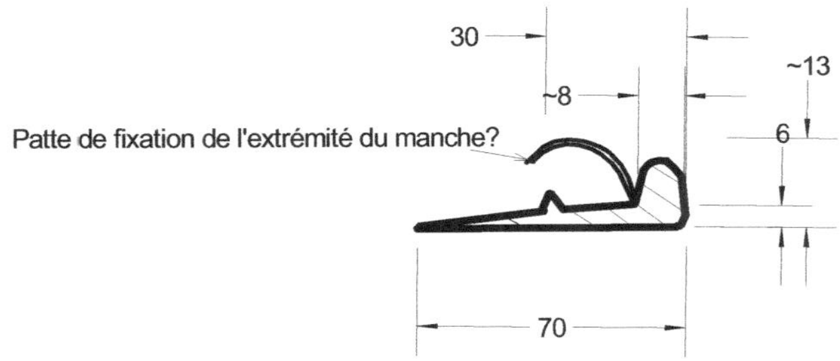

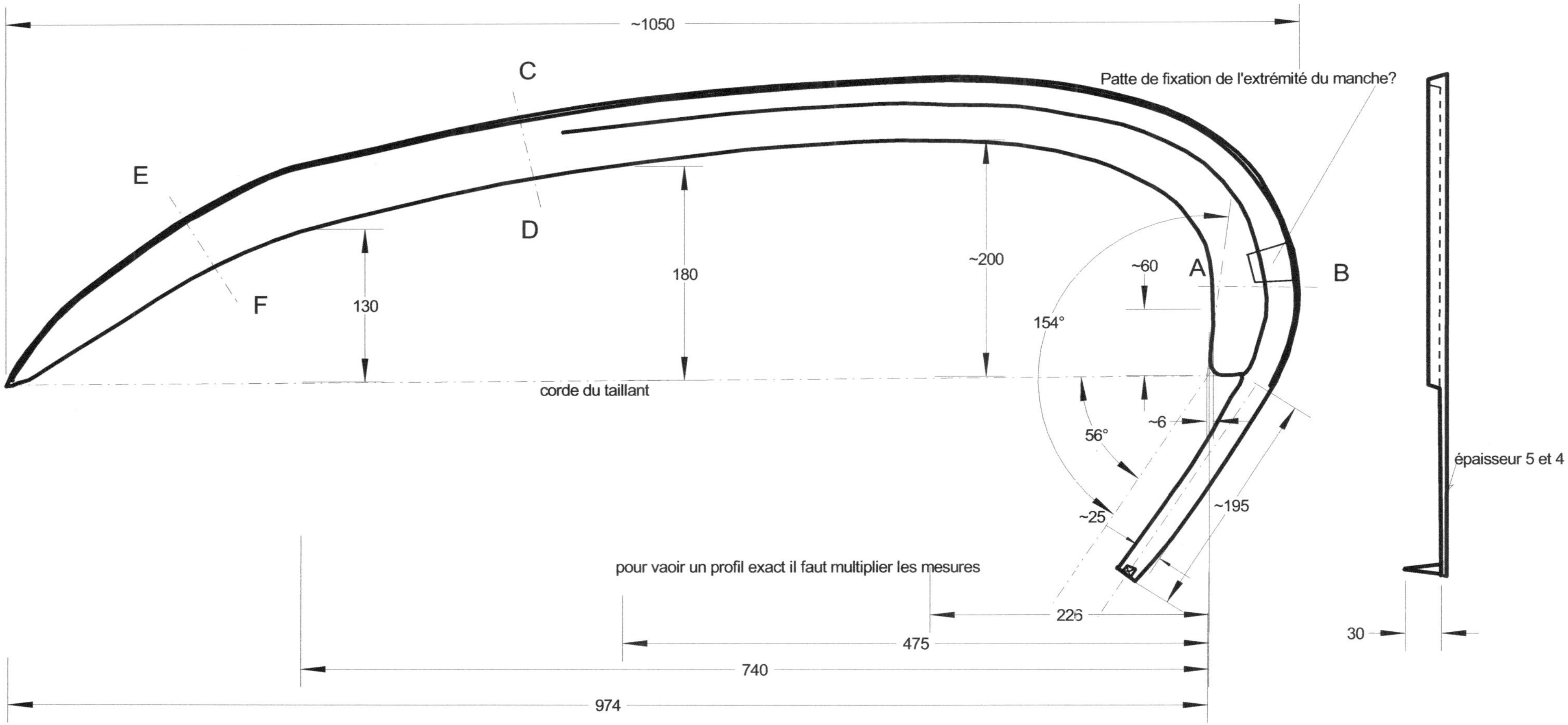

Faux de Chamozon, Valais, Suisse.
En dépôt au Musée national Suisse. N° inventaire A-29511.
Poids: 1kg, 400. En bon état apparent de conservation.
dessin réalisé à partir des photos fournis par le Musée. (autorisation de reproduction).

Echelle 1/5

André Marbach

Représentation photo-numérique

Repère: 9.GF.rom

0 10 20cm

Faux de Reinheim, Sarre, Allemagne; proximité immédiate de Bliesbruck (57) (époque romaine)

Musée archéologique de Sarrebruck (Allemagne). Rep.Ar 2017

Echelle 1/5

André Marbach

Dessin technique de représentation

(un dessin d'exécution demanderait une cotation plus importante)

Repère: 9GF.rom

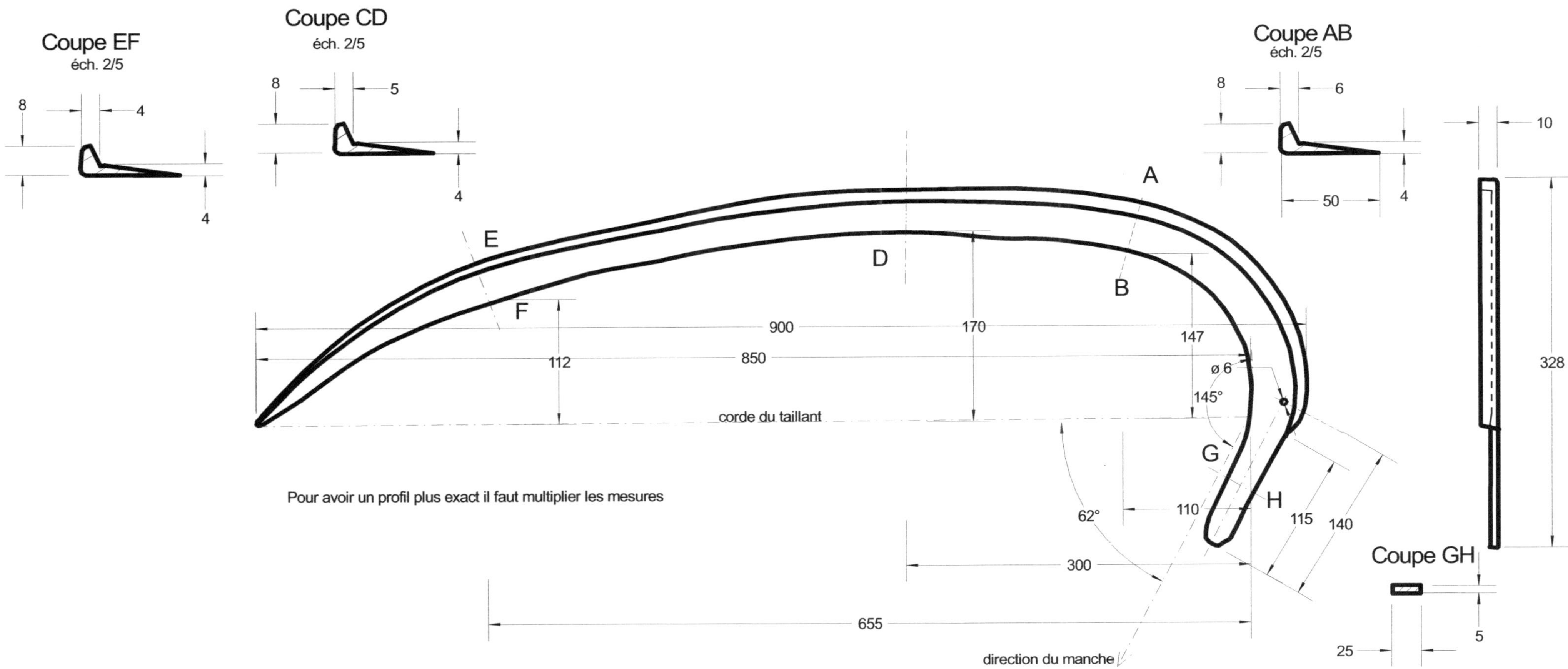

Faux de Reinheim, proximité immédiate de Bliesbruck (57) (époque romaine)
Rep.Ar 2017
Poids 756 gr, métal ferreux en bon état (assez peu oxydé, 5 à 10%).
Musée archéologique de Sarrebruck (Allemagne)

Echelle 1/5

André Marbach

Représentation photo-numérique

Repère 10.Gf.rom

Musée historique de Nancy
n° inventaire 95492
Faux classé comme romaine provenant du site de Auzainvilliers (88)

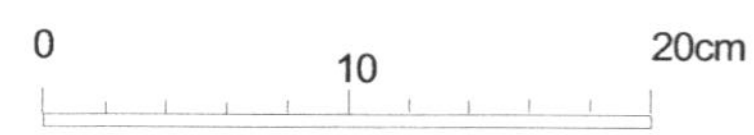

A.M.

Dessin technique de représentation

(un dessin d'exécution demanderait une cotation plus importante)
(les renforts ne sont pas figurés)

Repère: 10.GF.rom

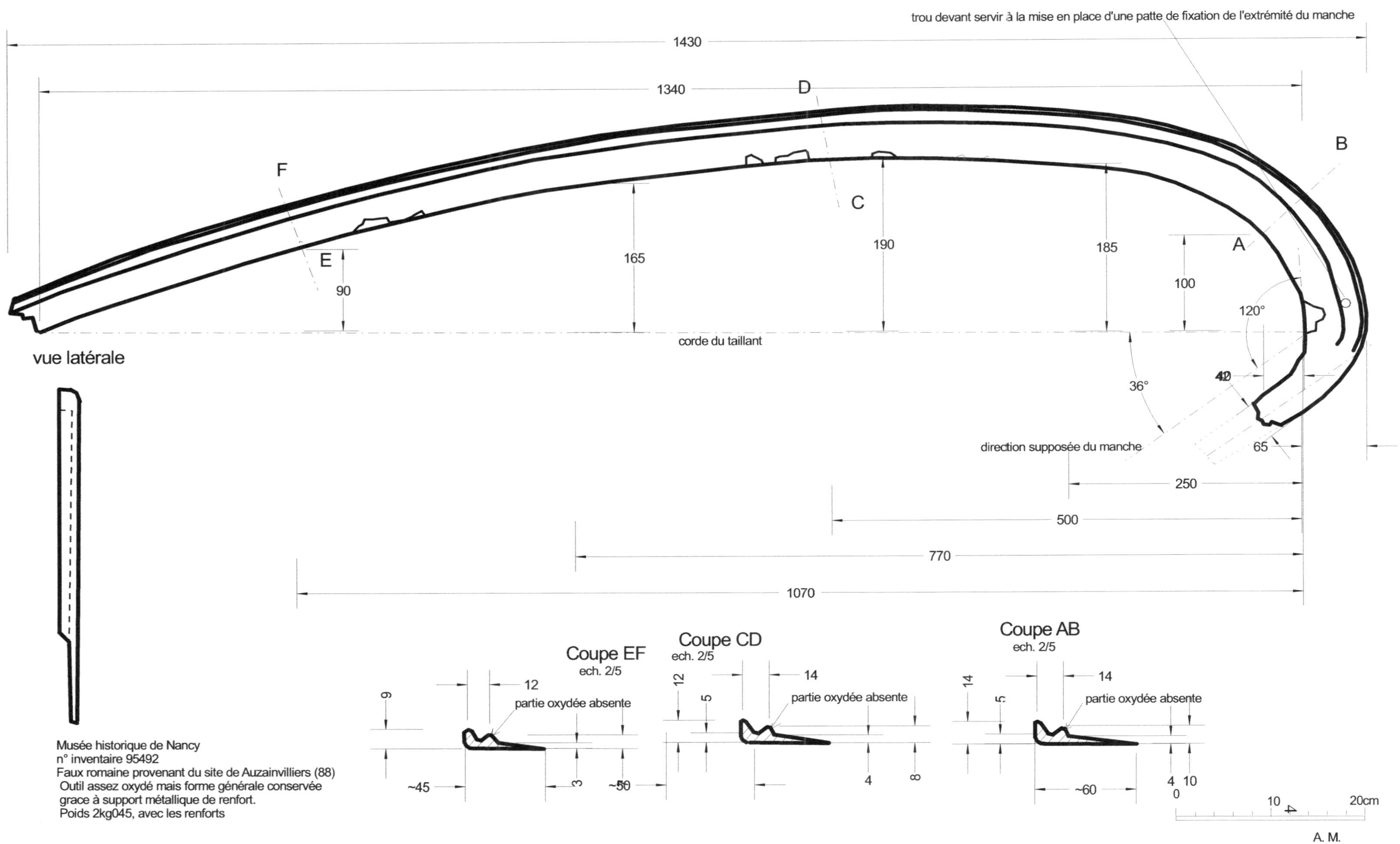

Musée historique de Nancy
n° inventaire 95492
Faux romaine provenant du site de Auzainvilliers (88)
Outil assez oxydé mais forme générale conservée
grace à support métallique de renfort.
Poids 2kg045, avec les renforts

Représentation photo-numérique

repère: 11.GF.rom

0 10 20cm

Echelle 1/5

Faux Musée de Lons le Saunier (39)
La faux a été redressée avant dessin
classée avec le matériel romain sans preuve décisive

André Marbach

Dessin technique de représentation
(un dessin d'exécution demanderait une cotation plus importante)

repère: 11GF.rom

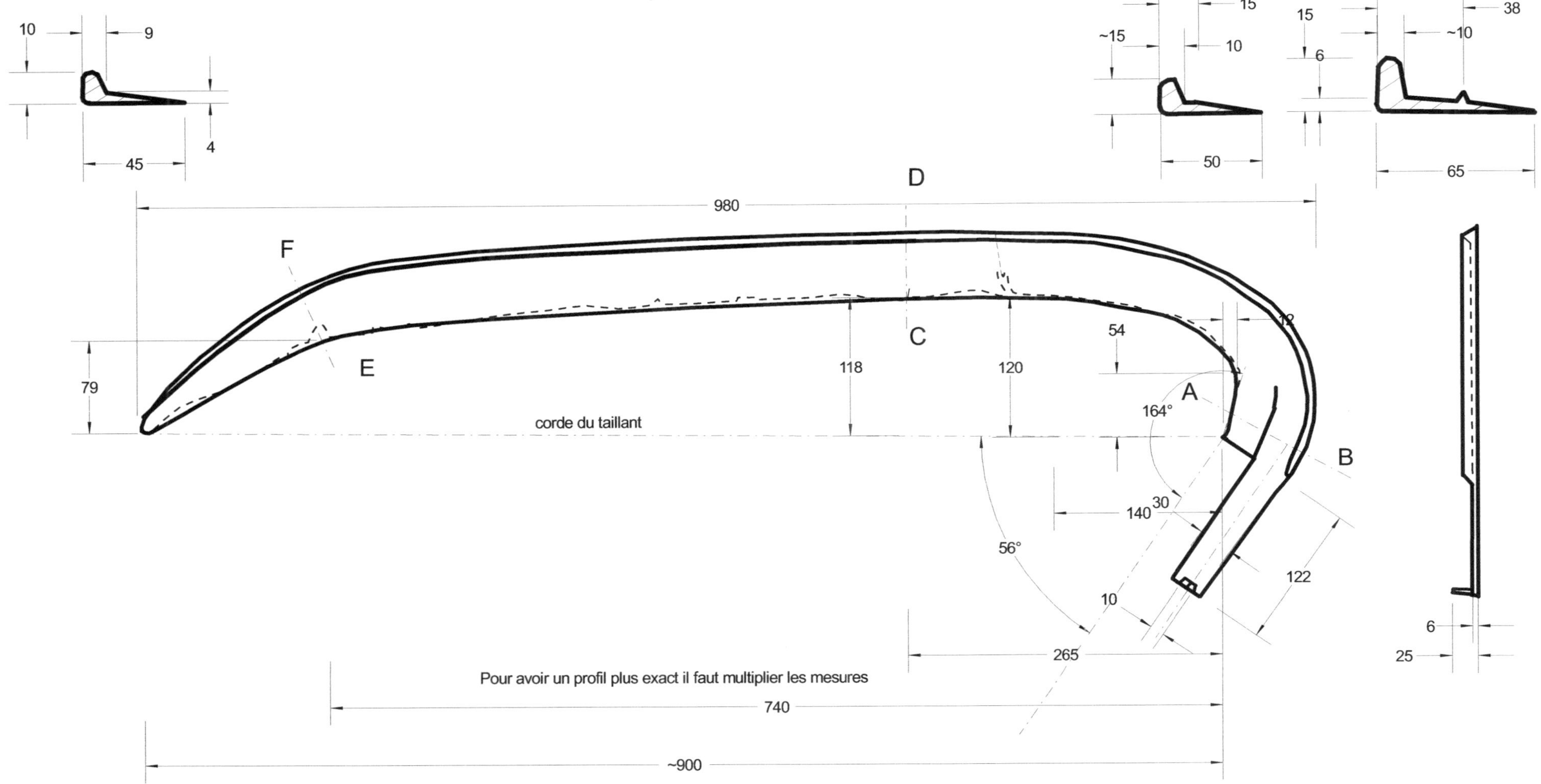

Faux Musée de Lons le Saunier (39)
La faux a été redressée avant dessin
classé avec le matériel romain sans preuve
pds 1Kg 960 taux d'oxydation estrimée 15%

Echelle 1/5

André Marbach

Représentation photo-numérique

repère: 12.GF.rom

draguage de la Saône

En dépôt au Musée Denon de Chalon sur Saône (71)

réalisé à partir de photos fournis par le Musée Denon

Echelle 1/5

André Marbach

Dessin technique de représentation
(un dessin d'exécution demanderait une cotation plus importante)

repère: 12.GF.rom

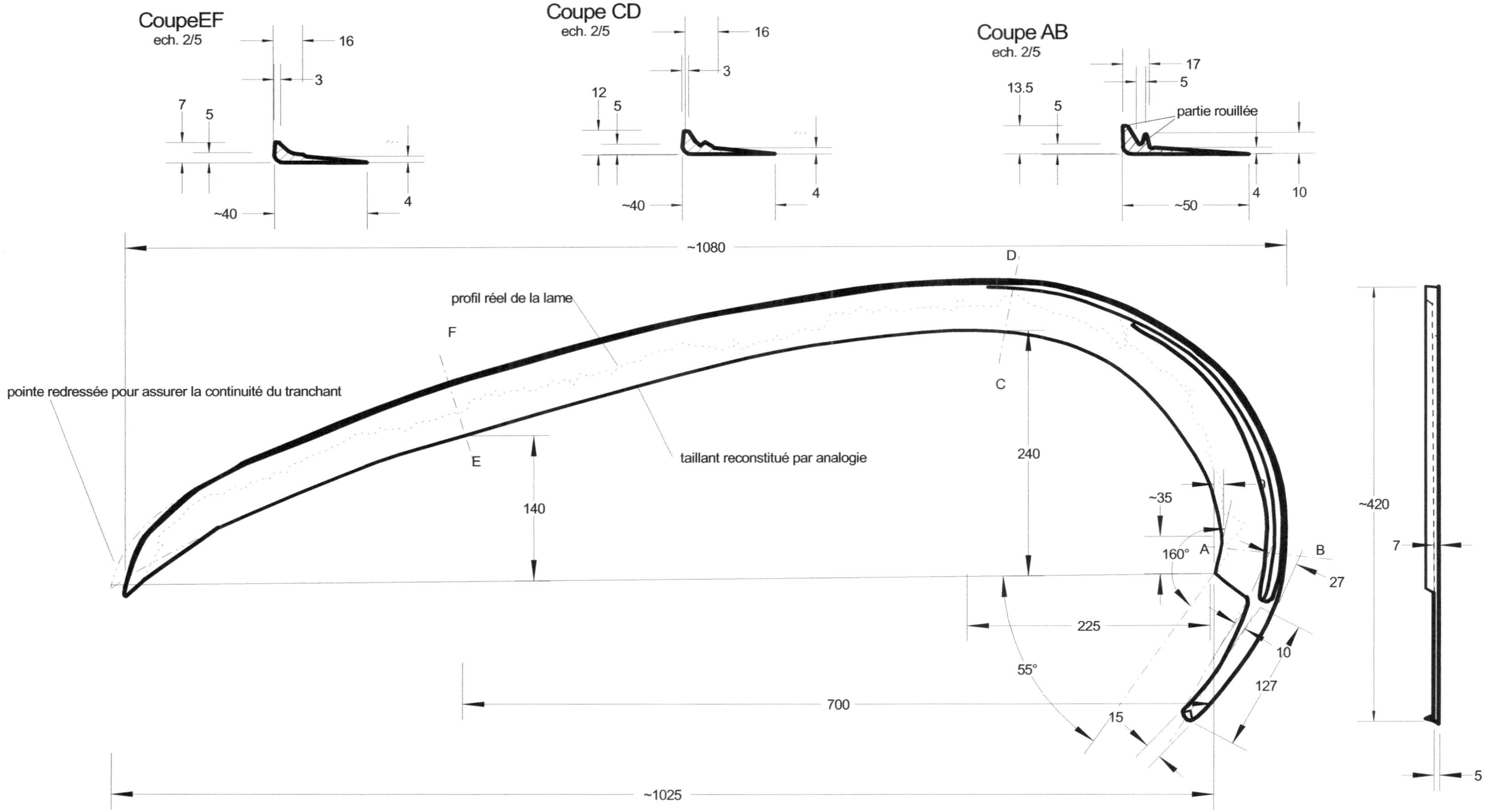

Faux, Musée Denon, Chalon sur Saone (71).Réf. musée CA 512.A.
Découverte au cours d'un draguage sur la Saone au Nord de Chalon en 1855.

Echelle 1/5

André Marbach

Dessin archéologique

repère: 13.Gf.rom

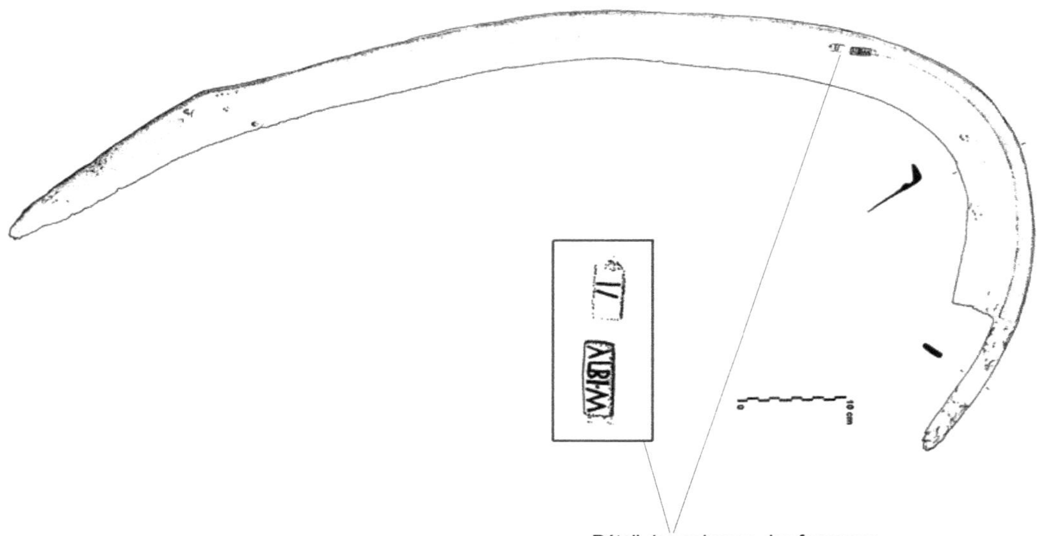

Faux de Verjux, près de Verdun sur Doubs (71)
dessin archéologique fourni par le Musée
En dépot au Musée Denon, Chalons sur Saône (71)

Echelle 1/5

André Marbach

Dessin technique de représentation

(un dessin d'exécution demanderait une cotation plus importante)

repère:13.GF.rom

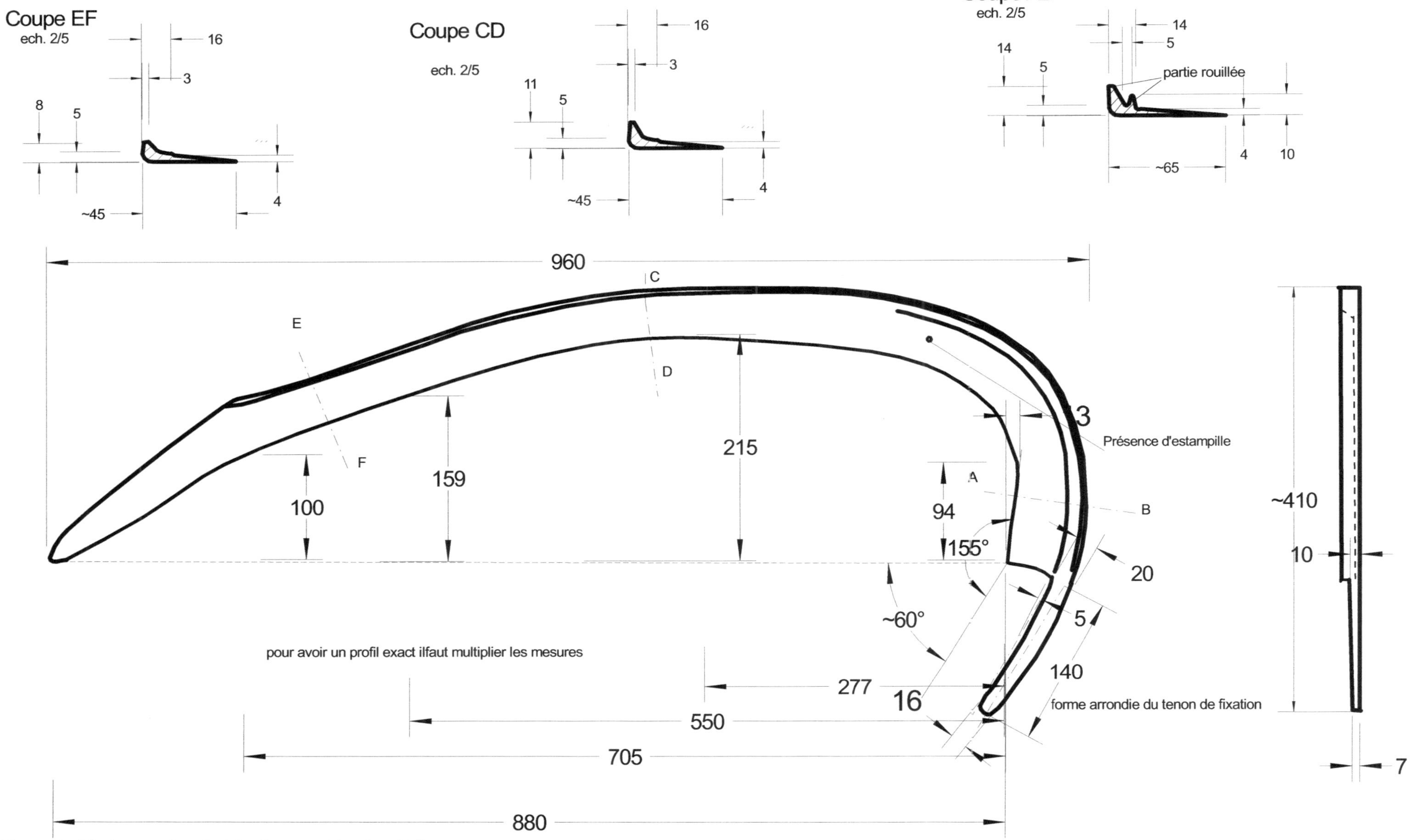

Faux de Verjux, près de Verdun sur Doubs (71)
découverte en 1980, dans contexte du 2°siècle
<u>Nota</u> avant restauration seule la première moitié de faux est intacte (du tenon de fixation jusqu'à la coupe CD) seule cette partie peut être considérée comme valable.
La restauration s'est inspirée pour le reste de la faux provenant du draguage de Chalon sur Saone.

Echelle 1/5
mm

André Marbach

Réprésentation photo-numérique

repère: 14.GF.rom

Echelle 1/5

Musée de Chatellerault (Vienne)
faux de Naintré << Vieux-Poitiers>>(Vienne), fouille dans un puits en 1972, datation II° siècle apr. JC

Réf Péraudeau 1976, 31.

André Marbach

Dessin technique de représentation

(un dessin d'exécution demanderait une cotation plus importante)

repère: 14.GF.rom

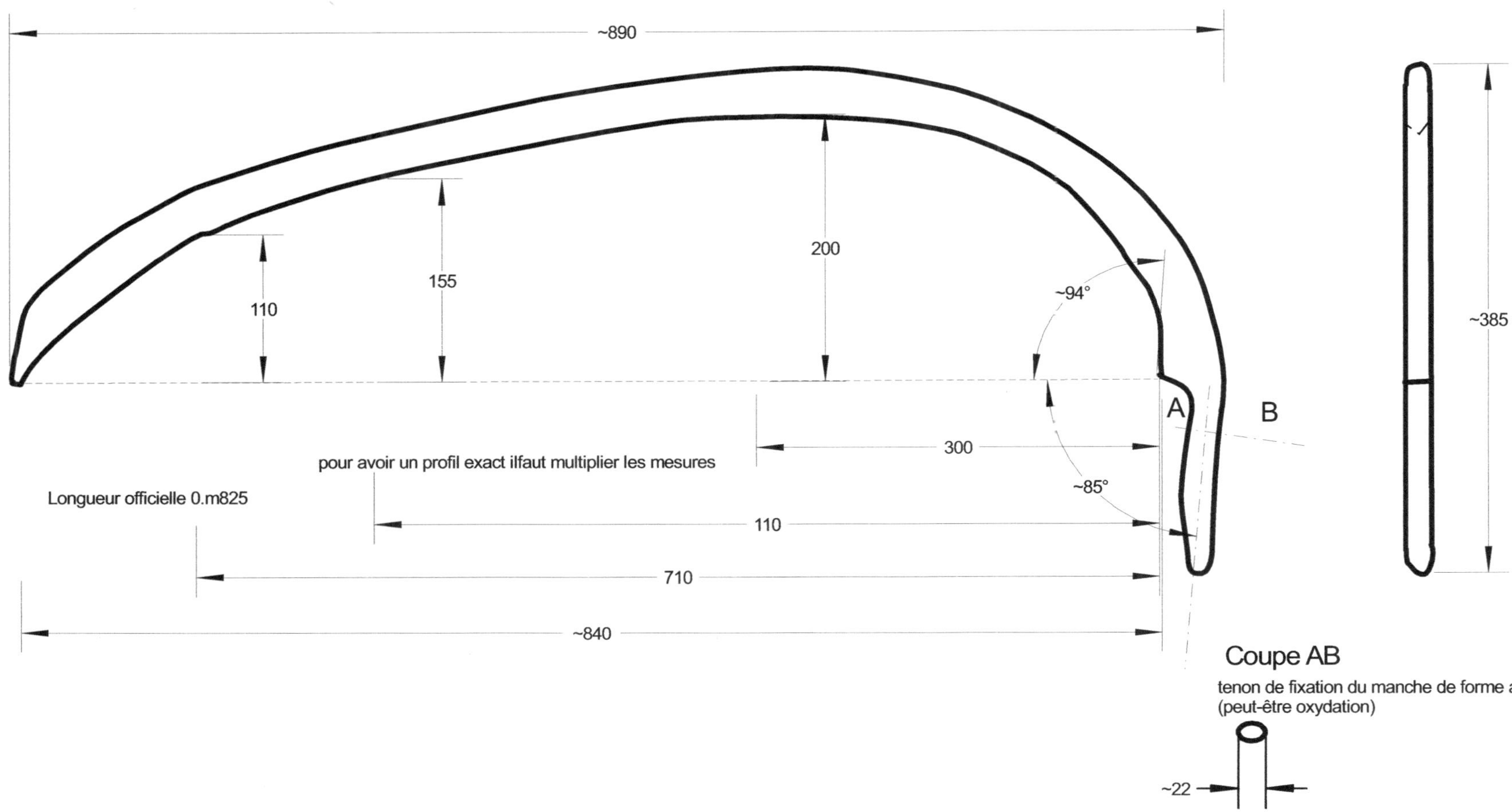

Musée de Chatellerault (Vienne)
faux de Naintré << Vieux-Poitiers>>(Vienne), fouille dans un puits en 1972, datation II° siècle apr. JC

Réf Péraudeau 1976, 31.

La faux est très oydée et de ce fait le dessin technique est imprécis
seule la forme générale est à prendre en compte et a une valeur comparative.
poids : inconnu

Echelle 1/5mm

André Marbach

Dessin archéologique

repère: 15.GF.rom

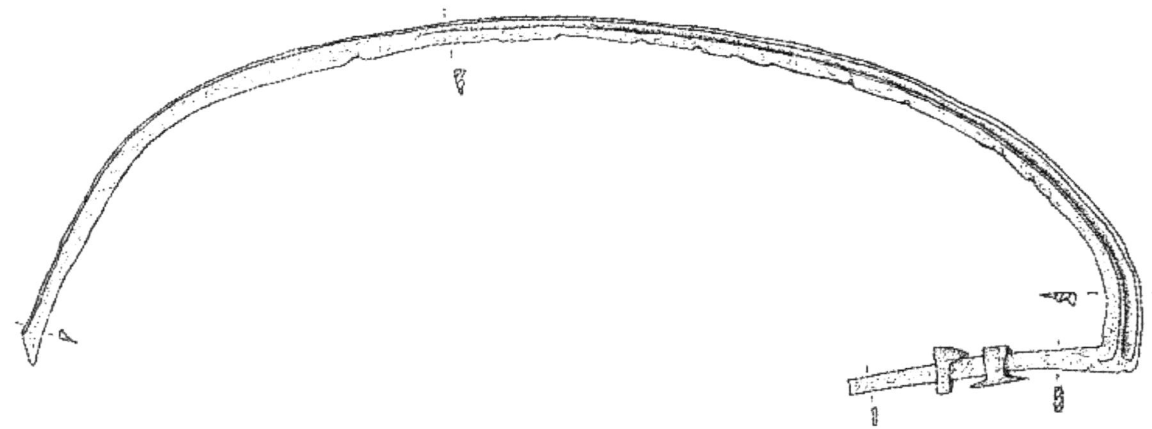

Faux de Haccourt/ Froimond (Prov. de Liège), Belgique.

En dépôt au Musée de Framioul (B 4440)

dessin archélogique issu de la publication de:
F. Tromme et F. Vilvorder, La villa gallo-romaine de Haccourt/Froidmont-Oupeye(Prov. de Liège),N°65, 2006, p. 26.

Echelle 1/10

André Marbach

Dessin technique de représentation

(un dessin d'exécution demanderait une cotation plus importante)

repère: 15.GF.rom

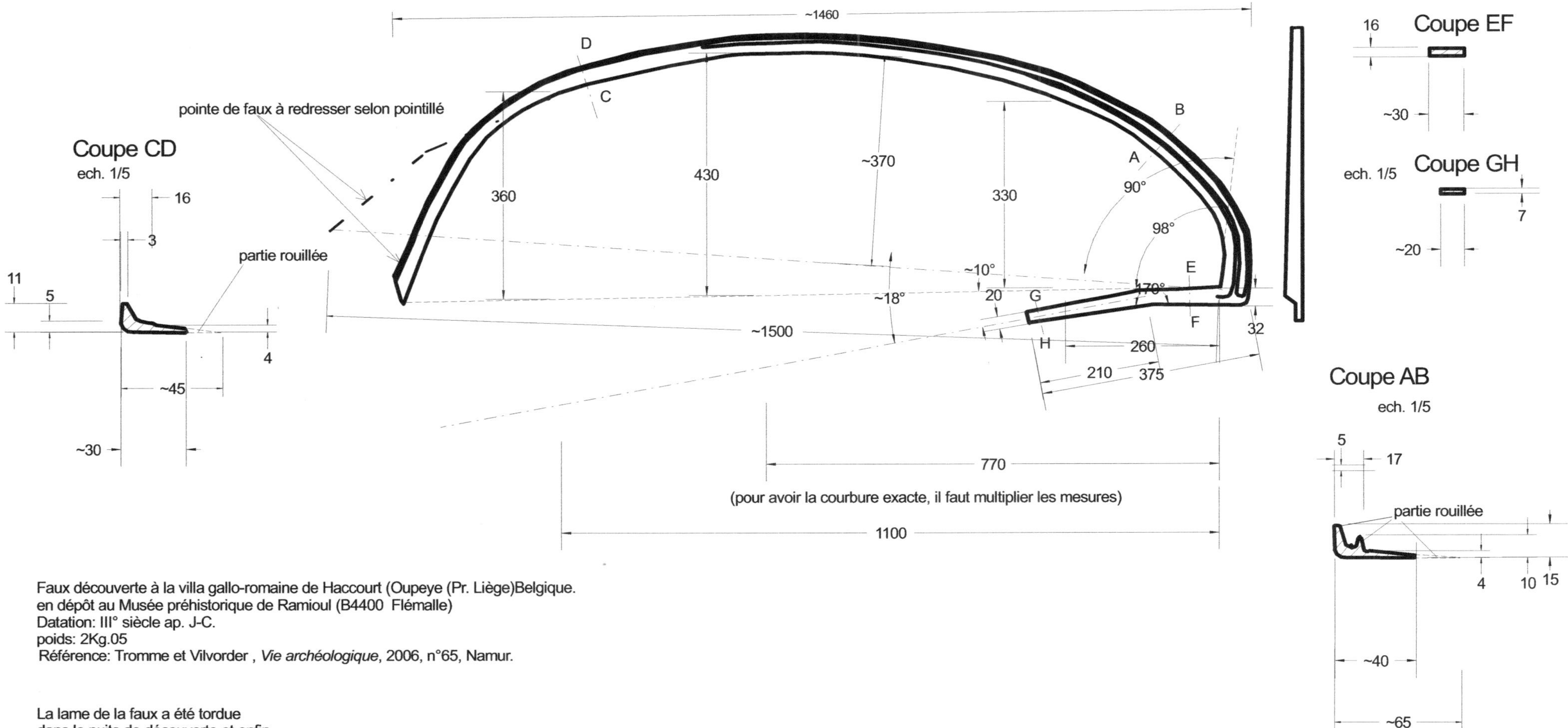

Faux découverte à la villa gallo-romaine de Haccourt (Oupeye (Pr. Liège)Belgique.
en dépôt au Musée préhistorique de Ramioul (B4400 Flémalle)
Datation: III° siècle ap. J-C.
poids: 2Kg.05
Référence: Tromme et Vilvorder , *Vie archéologique*, 2006, n°65, Namur.

La lame de la faux a été tordue
dans le puits de découverte et enfin
l'extrémité a été cassée puis réparée au cours de la restauration.
La forme générale a été reprise en se basant sur la deuxième faux découverte
dans ce puits et reconstituée (en l'état la faux ne peut fonctionner d'où la pièce virtuelle figuréesur le plan).

Nota: La cotation sera effectué par rapport à la pièce en l'état et non par rapport à la pièce virtuelle.

Echelle 1/10

André Marbach

Représentation photo-numérique

repère: 16.GF.rom

Philippeville (Belgique), lieu dit " Les Machenées"

Documentation fourni aimablement par Mr Christian Malvury 5600 Sautour (Belgique)
Les pièces sont en dépot au Musée de Treignes mais non exploitable après restauration.

Référence: Corviniacum de "Archéophil", Une villa gallo-romaine à Philippeville au lieu-dit "Les Machenées" fouille de 1989-1990.

Cette photo est prise sur le site au moment de sa découverte. Son bon état initial a permis d'avoir des formes exactes pour ce type de faux, dont deux exemplaires ont été découvert à Froidmont (prov. de Liège, Belgique)

Echelle 1/5

André Marbach

Schéma technique

repère: 16.GF.rom

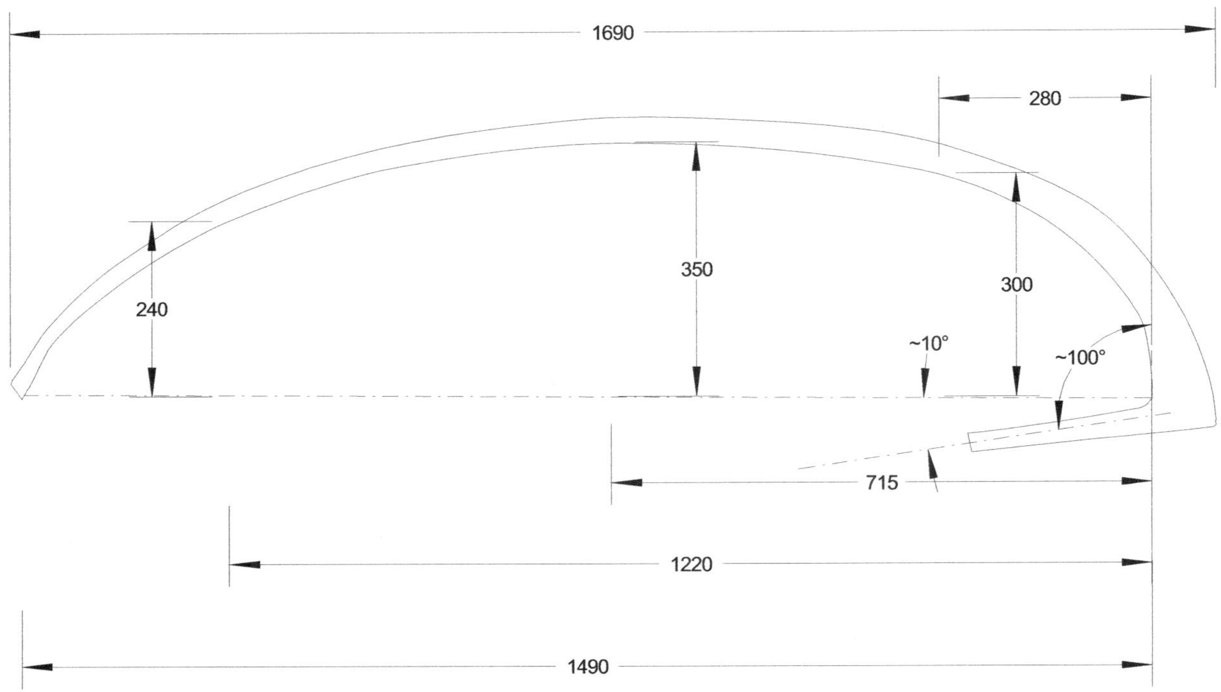

pièce découverte à Philippeville lieu-dit "Les Machenées" dans la cave d'une villa gallo-romaine.

schéma technique fait à partir d'une photo prise sur le site au moment de la découverte.
Documentaion aimablement fournie par Mr Christian Malvury 5600 Sautour (Belgique)

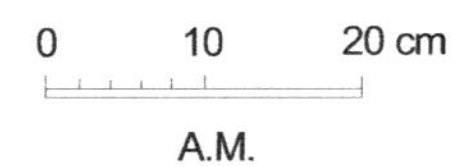

Eléments de grandes faux gallo-romaines.

Représentation photo numérique

repère: 1.eFG.rom

Elément de faux époque romaine, Compiègne (60)
Musée MAN St Germain en Laye (78)
réf. 15888

0 10 20cm

Echelle 1/5

André Marbach

Dessin technique de représentation

(un dessin d'exécution demanderait une cotation plus importante)

repère: 1.eGF.rom

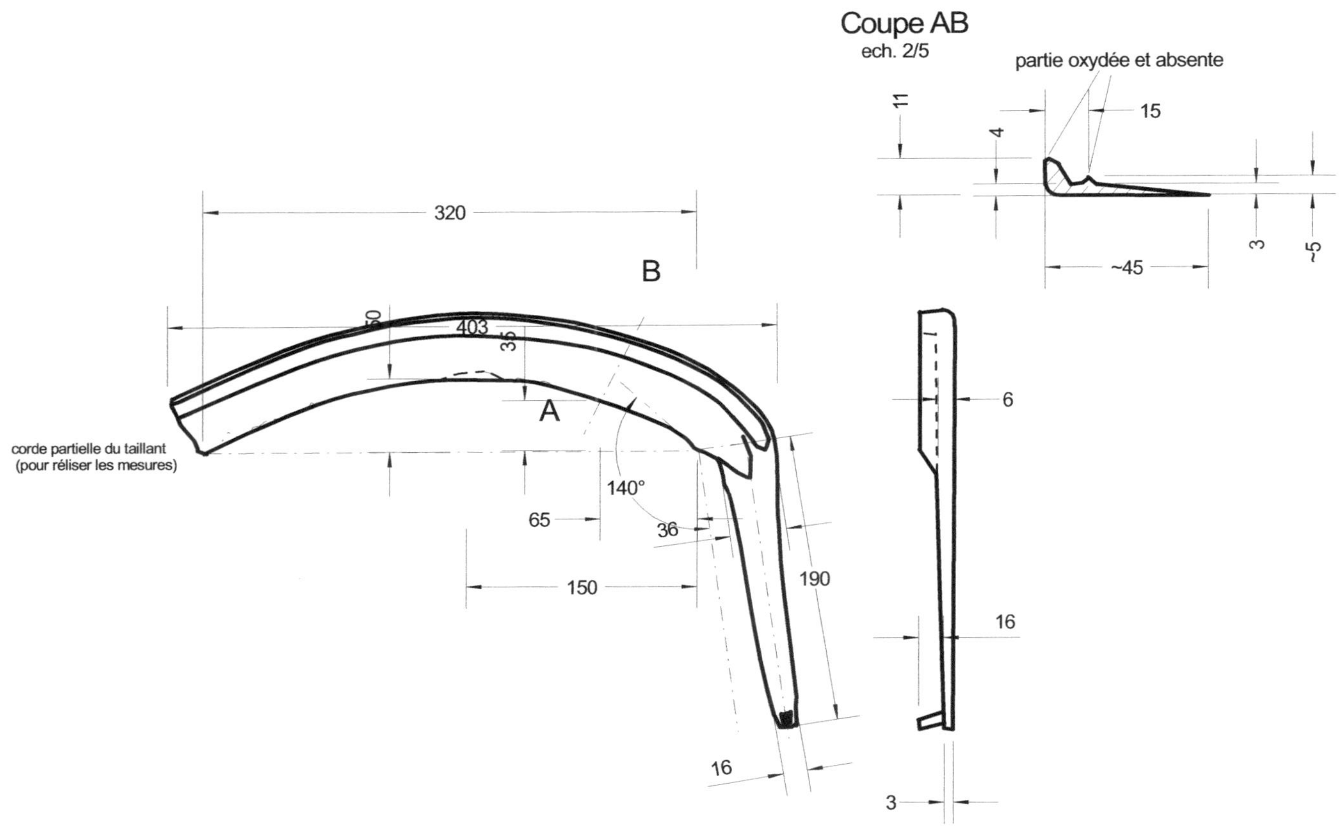

Elément de faux, Compiène (60)
Musée MAN St Germain en Laye (78)
réf.15888 pds 0kg630 très oydée pour la partie restante

Echelle 1/5

André Marbach

Représentation photo numérique

repère: 2.eGF.rom

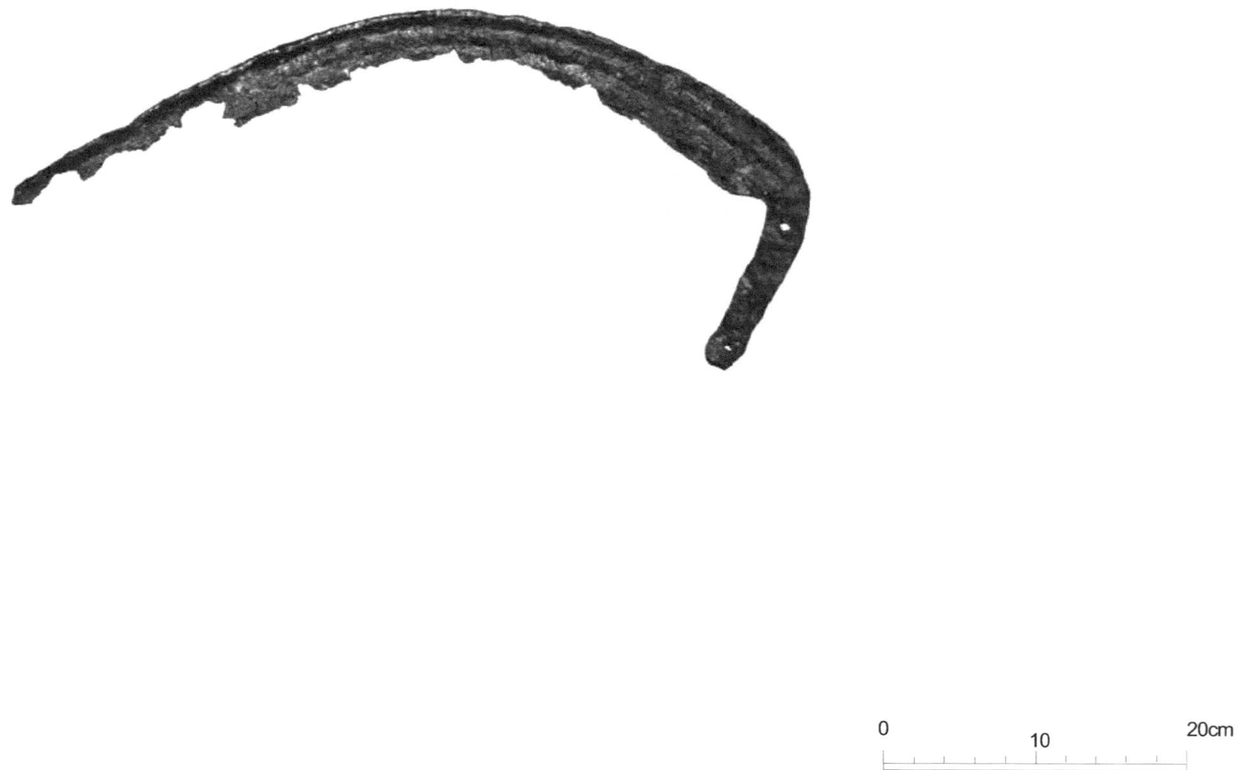

Elément de faux, origine gallo-romaine, Compiègne (60)
Musée MAN St Germain en Laye (78)
réf. 29036.9

Echelle 1/5

André Marbach

Dessin technique de représentation

(un dessin d'exécution demanderait une cotation plus importante)

repère: 2.eGF.rom

Coupe AB
ech. 2/5

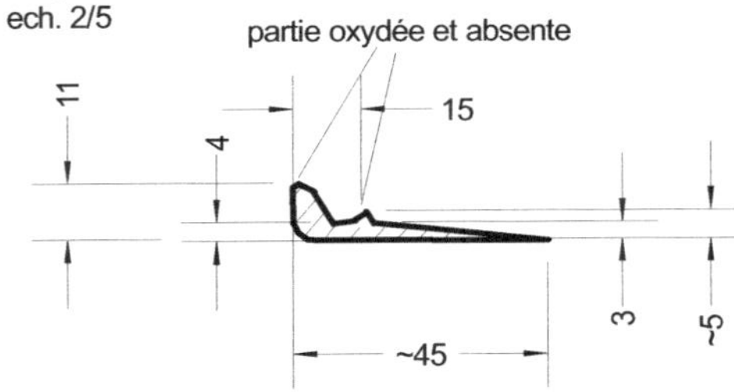

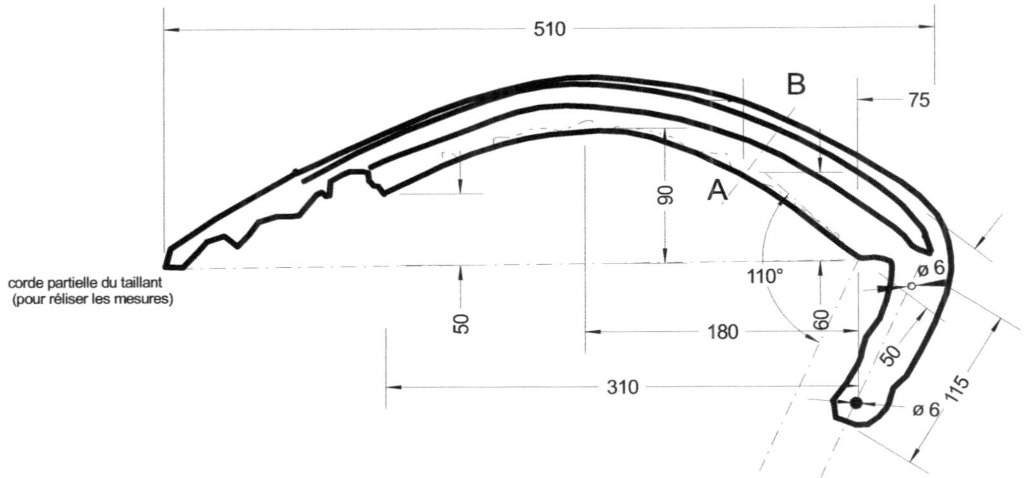

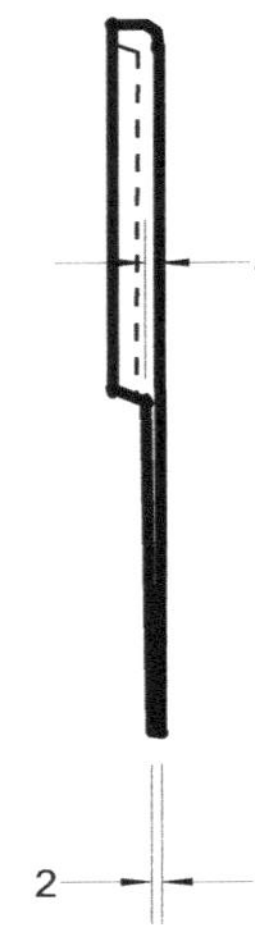

Elément de faux , Compiègne (60)
Musée MAN St Germain en Laye (78)
réf. 29036.9 pds0kg420 assez oydée pour la partie restante

Echelle 1/5
mm

André Marbach

Dessin technique de représentation

(un dessin d'exécution demanderait une cotation plus importante)

repère:3 e.GF.rom

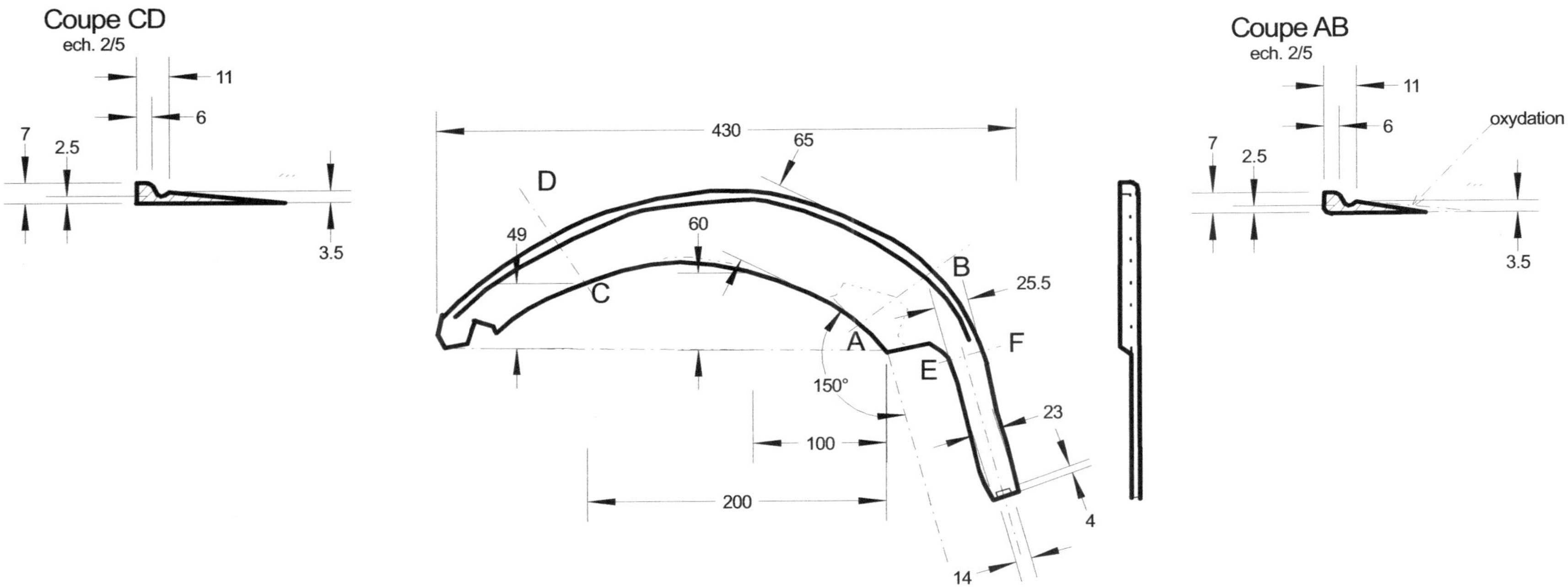

Partie de faux en dépôt au Musée de Dijon, rep 10676
origine inconnue
pds 0kg660

Nota: le dessin a été reconstruit pour permettre l'étude la pièce, celle-ci étant très oxydée

Echelle 1/5
André Marbach

Dessin archéologique

repère: 4. e.GF.rom

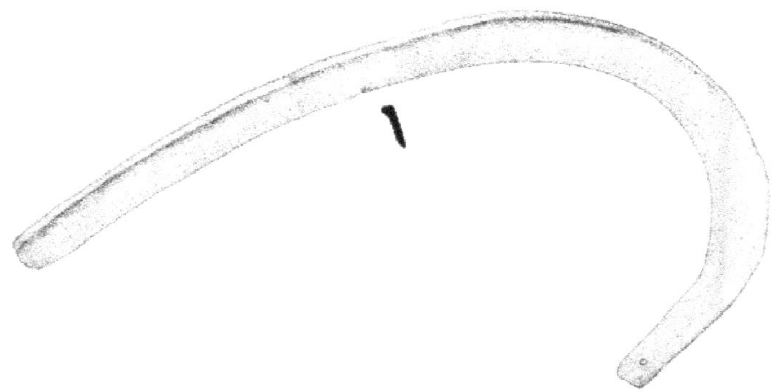

en dépôt chez Mr François Hadengue, Etalon 80190.

réf: Vasselle F., Structures gallo-romaine à Etalon, Cahiers archéologiques de Picardie,1974, I, p.103-112.
dessin issu de cette publication.

Echelle 1/5

André Marbach

Dessin technique de représentation

(un dessin d'exécution demanderait une cotation plus importante)

schéma

repère: 4.e.GF.rom

Coupe AB

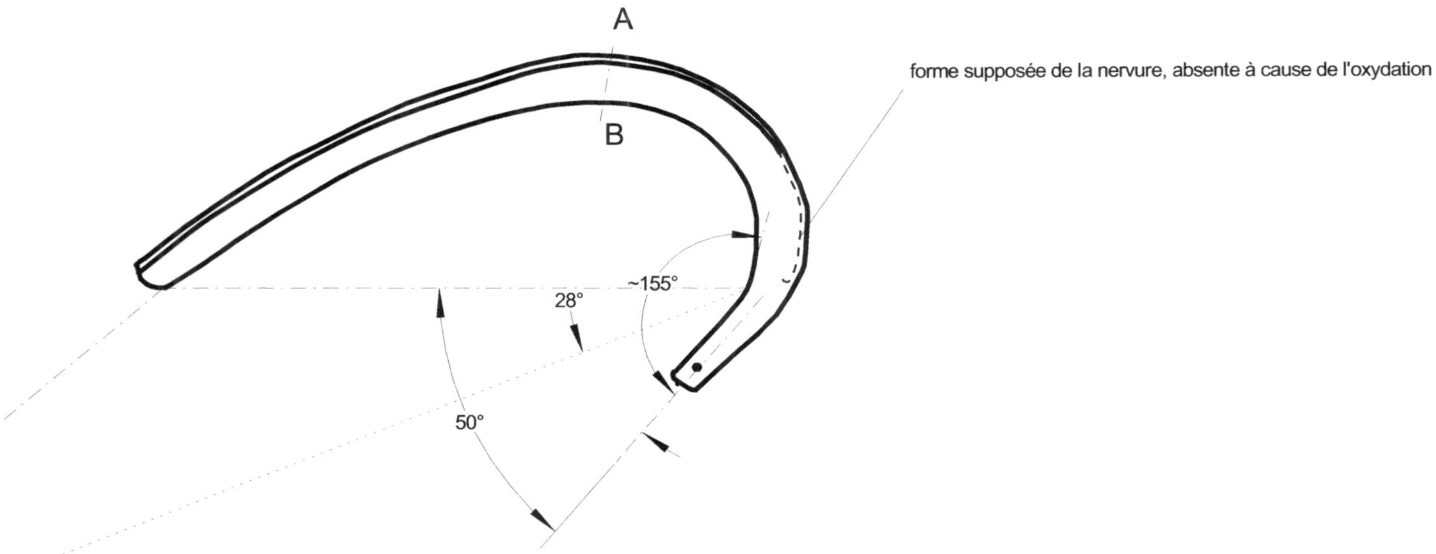

avec une corde de 800mm sensiblement identique aux autres grandes faux
l'angle du manche avec la corde du taillant serait de 28°. Cela la différentie notablement des faux habituelles.
Les faux les plus voisines sont celles de Froidmont et Philippeville (Belgique). [15.GF.rom et 16.GF.rom]
Angle du tenon avec la corde du taillant assez faible.

Site: Etalon 80190

en dépôt chez Mr François Hadengue, Etalon 80190.

réf: Vasselle F., Structures gallo-romaine à Etalon, Cahiers archéologiques de Picardie,1974, I, p.103-112.

datation: gallo-romain III° apr. JC

Faux assez rouillée seule la forme générale est exploitable

Echelle 1/5

André Marbach

Représentation photo numérique

repère: 5.e.GF.rom

Nota: les poiçons ne sont plus clairement identifiable.
Leur représentation provient d'un dessin
d'origine fait par Mr Jean Duriaud

3 marques de poinçon

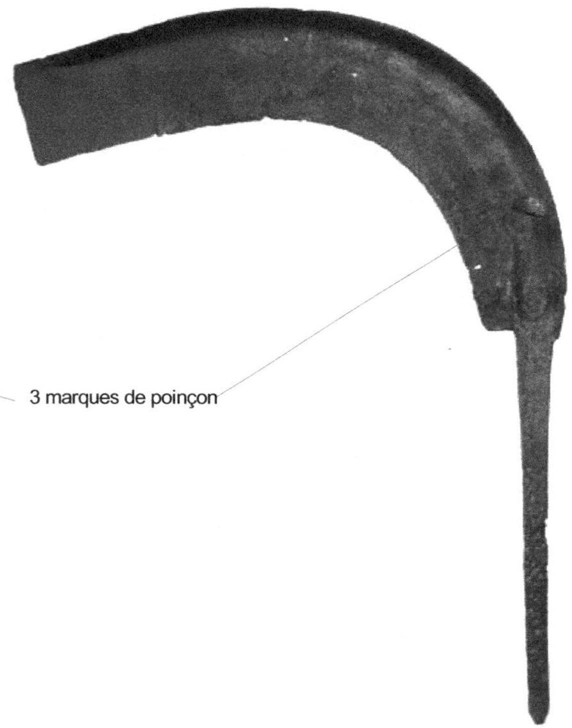

Vue de profil pour montrer la fixation du manche sur le corps de la faux

Site gallo-romain de La Bussière, Mancey (71) , II°-III° ap. J. C.

La représentation a été faite à partir de photo numérique réalisé par Mr Jean Duriaud, 71240 Vers.

Vaussanvin H., Découvertes archéologiques en Tournugeois, N° 8, 1980, p. 9-17.

poids 430gr

Echelle 1/5

André Marbach

Dessin technique de représentation
Schéma

repère: 5.e.GF.rom

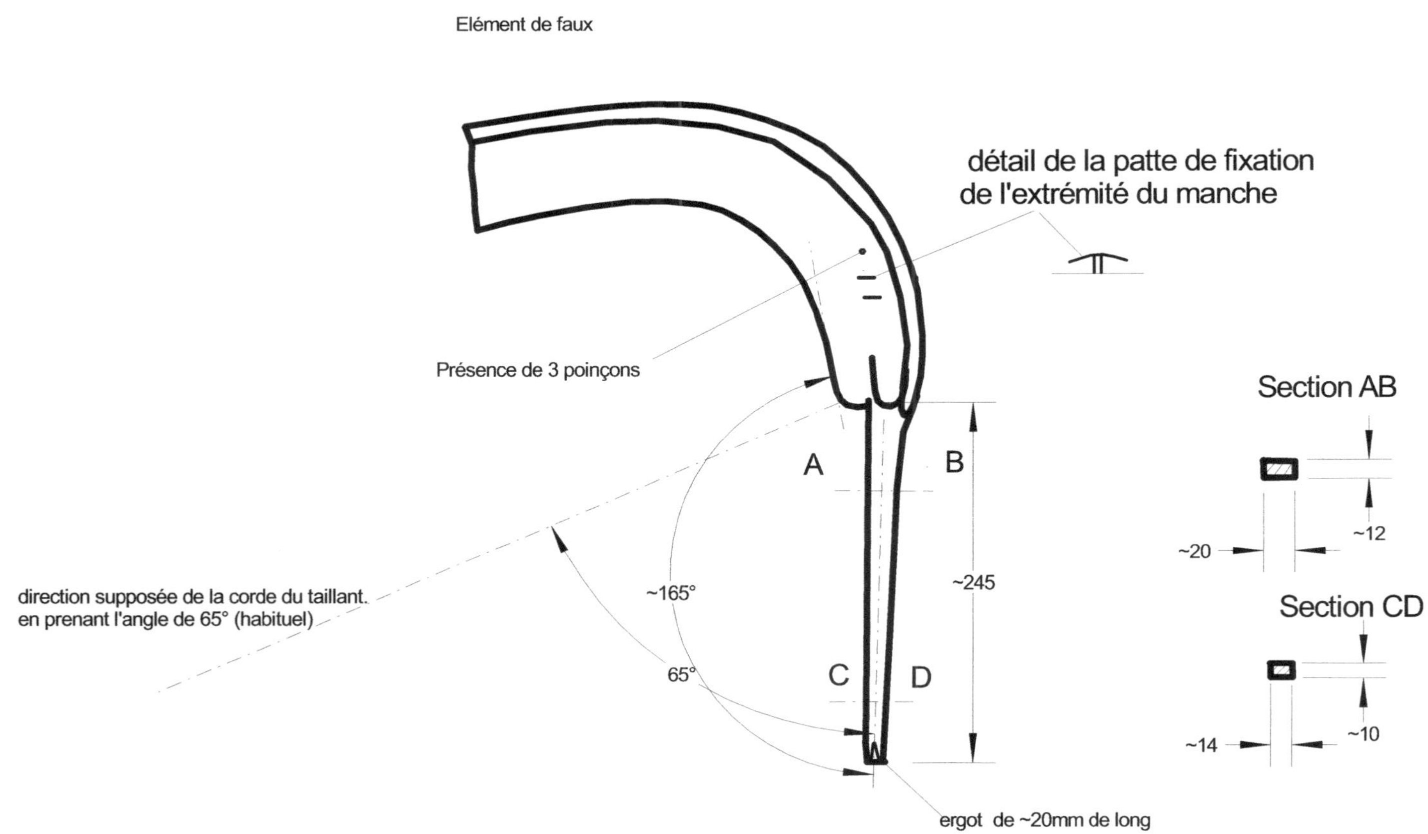

Site gallo-romain de La Bussière, Mancey (71) , II°-III° ap. J. C.

La représentation a été faite à partir de photo numérique réalisé par Mr Jean Duriaud, 71240 Vers et de ses indications.

Vaussanvin H., Découvertes archéologiques en Tournugeois, N° 8, 1980, p. 9-17.

poids 430gr

Echelle 1/5

André Marbach

Représentation photo numérique

repère: 6.eGF.rom

partie de faux de Hettange Grande (57) , dossier de fouille 1988-1990 à DRAC Moselle, site gallo-romain du Gheren
dépot au Musée de Thionville (57) réf.Hg 87-06-21

poids 440gr

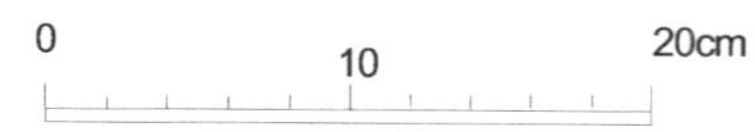

Echelle 1/5

André Marbach

Dessin technique de représentation

(un dessin d'exécution demanderait une cotation plus importante)

repère: 6.eGF.rom

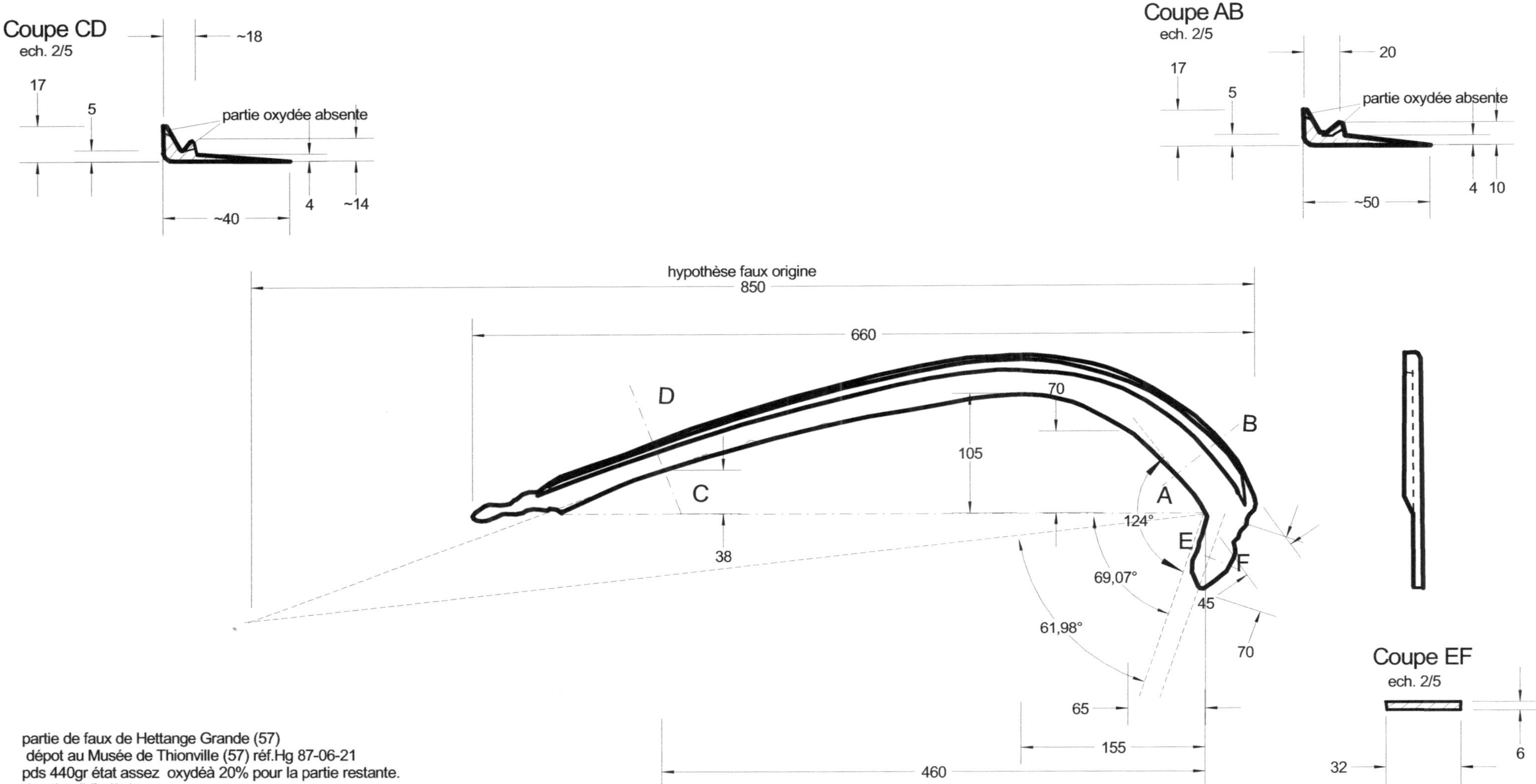

partie de faux de Hettange Grande (57)
dépot au Musée de Thionville (57) réf.Hg 87-06-21
pds 440gr état assez oxydéà 20% pour la partie restante.
datation IV° siècle

Echelle 1/5

André Marbach

Petites faux gallo-romaines.

Représentation photo-numérique

repère: 1.f.rom

Vue de face

Vue de dessus

Sorte de faux, Musée de Reinheim (Sarre, Allemagne)
Epoque romaine, repère B1/ 007/ 003

0 10 20cm

Echelle 1/5

André Marbach

Dessin technique de représentation

(un dessin d'exécution demanderait une cotation plus importante)

repère: 1.f.rom

Coupe CD
échelle2/5

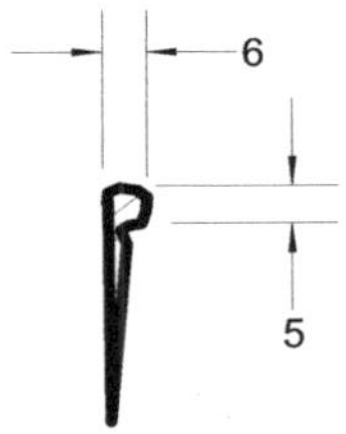

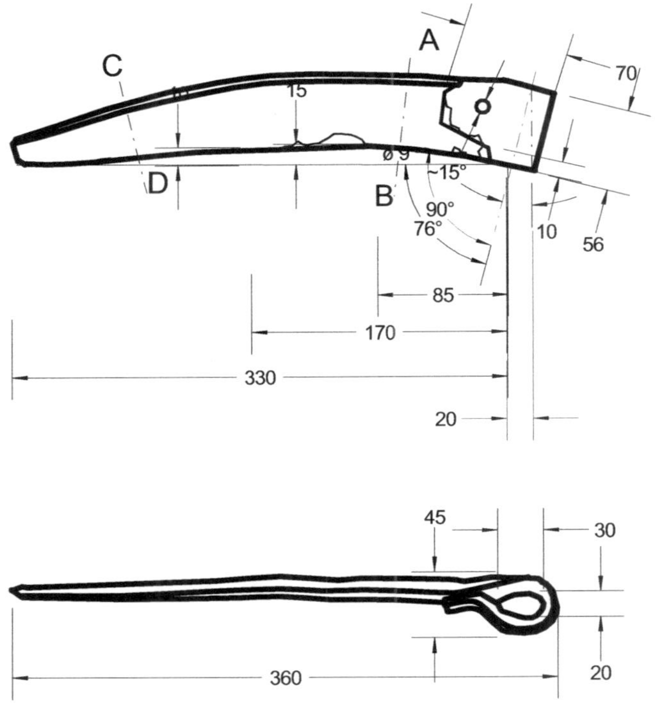

Coupe AB
échelle2/5

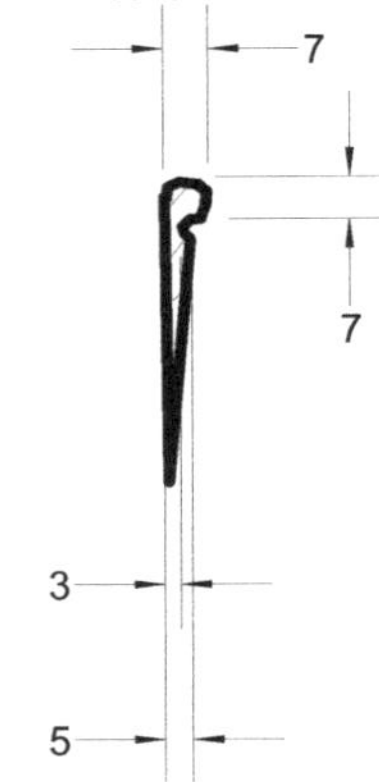

outil agricole, fouille de Rheinheim, Musée de Reinheim (Sarre, Allemagne), près de Bliesbruck (57), repère B1/007/003

datation gallo-romaine sans autre précision

poids 250gr pièce assez oxydée

Remarque: cet outil semble réalisé à partir d'un réutilisation d'une lame de faux ou une pièce de ce genre

Echelle 1/5

André Marbach

Représentation photo-numérique

repère: 2.f.rom

d'après photo de la Conservation départementale de la Hte Marne, Chaumont (52)
villa gallo-romaine d'Antilly-en Basigny (52)

Référence bibliographique: Pierre Ballet, Le point sur les fouilles gallo-romaines d'Andilly-en -Bassigny, Cahier Haut Marnais 108, 1972.

Echelle 1/5

André Marbach

Dessin technique de représentation

(un dessin d'exécution demanderait une cotation plus importante)

repère: 2.f.rom

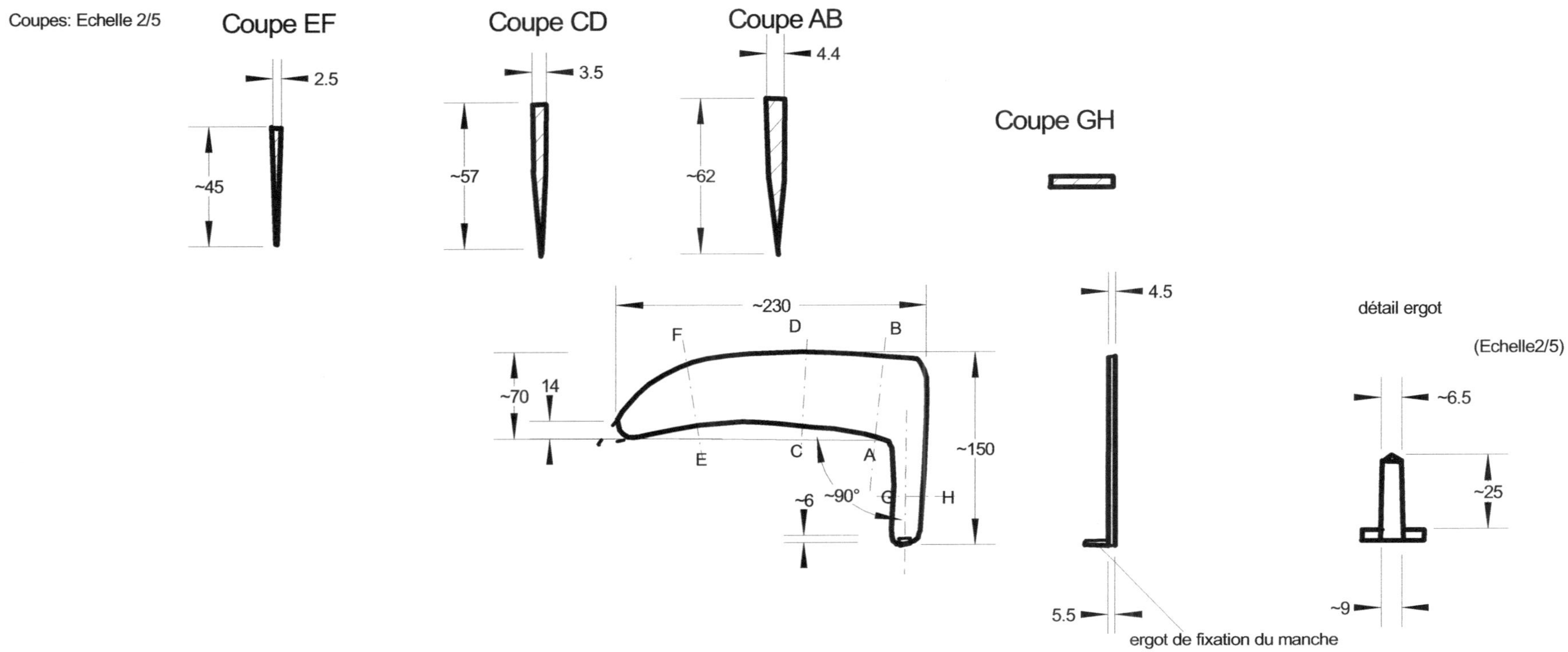

Outil de débroussaillage à manche long.

Lieu de découverte: villa gallo-romaine d' Andilly (52), sans mobilier d'accompagnement.

Lieu de dépôt : Conservation départementale de la Hte Marne, Chaumont (52)

Poids 175gr

Référence bibliographique: Pierre Ballet, Le point sur les fouilles gallo-romaines d'Andilly-en -Bassigny, Cahier Haut Marnais 108, 1972.

Echelle 1/5

André Marbach

Représentation photo-numérique

repère: 3.f.rom

Petite faux musée de Chaumont (52)

Echelle 1/5

André Marbach

Dessin technique de représentation
(un dessin d'exécution demanderait une cotation plus importante)

repère: 3.f.rom

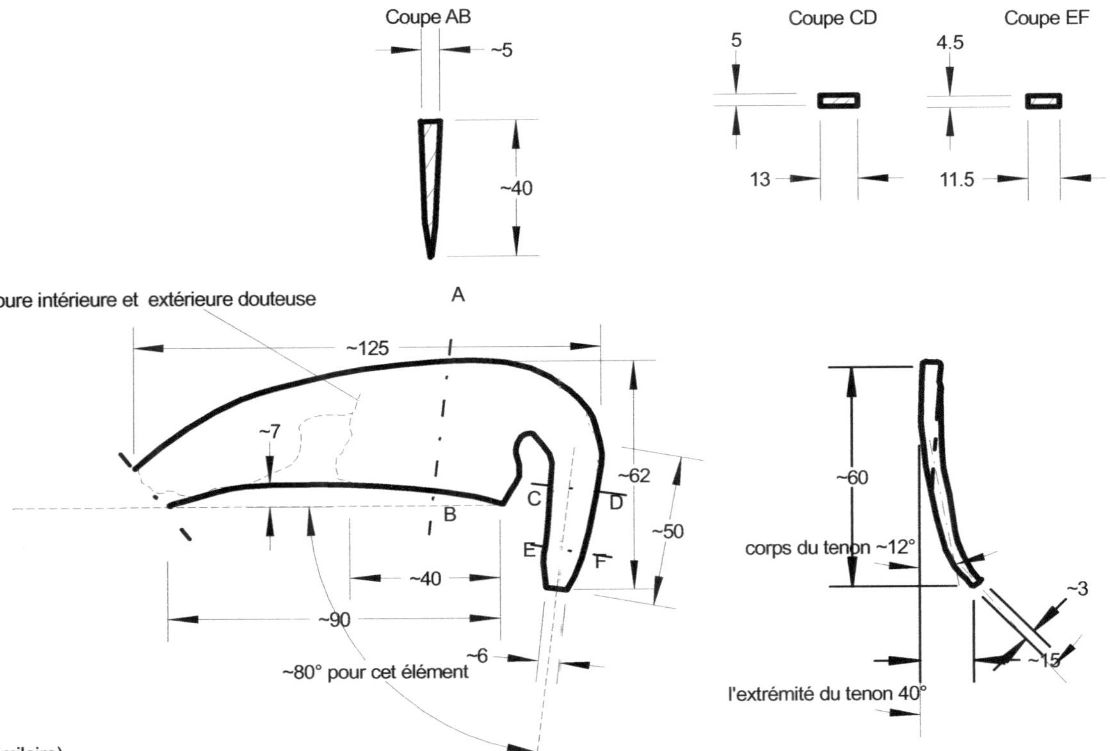

Elément de faux à tenon incliné (ou objet similaire)
Musée de Chaumont (52)

Repère: sans   poids 66gr   fortement oxydé

Datation inconnue, classé avec les pièces anciennes

Nota: Cette pièce est particulièrement intéressante par la présence d'un angle entre le tenon de fixation du manche et la lame (comme sur une faux moderne)

Echelle 1/2

André Marbach

Représentation photo-numérique

repère: 4.f.rom

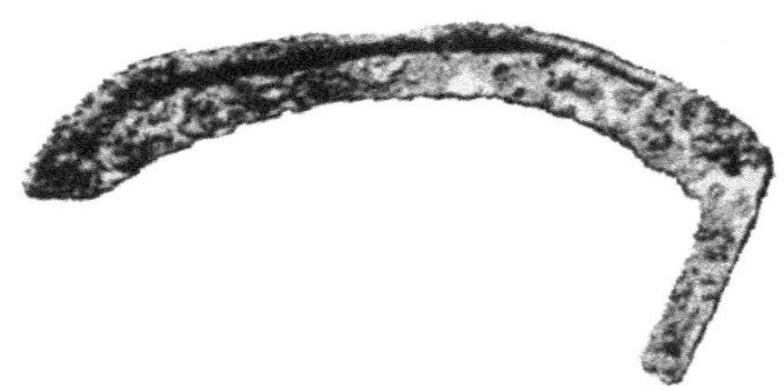

petite faux
découverte sur le site gallo-romain de Etalon (60120)
reproduction extrait de la publication de: Vasselle F., Structures gallo-romaines à Etalon (60120), Cahiers archéologiques de Picardie, 1974, p.110.
dimensions fournies par Mr François Hadengue, propriètaire du site et dépositaire des pièces.
datation III° ap. J. C.

Echelle 1/5

André Marbach

Dessin technique de représentation

repère: 4.f.rom

schéma

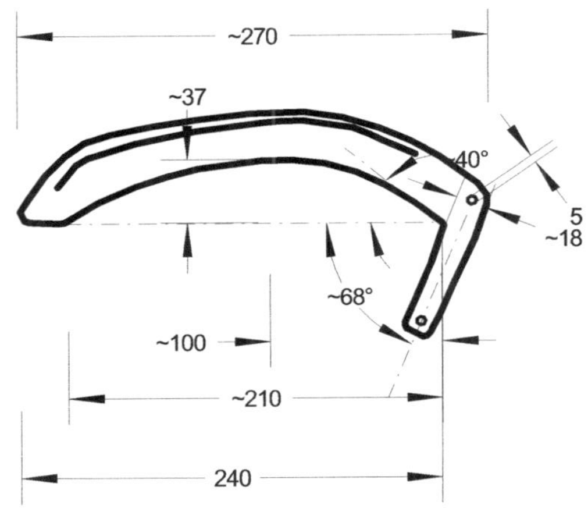

petite faux
découverte sur le site gallo-romain de Etalon (60120)
reproduction extrait de la publication de: Vasselle F., Structures gallo-romaines à Etalon (60120), Cahiers archéologiques de Picardie, 1974, p.110.
dimensions fournies par Mr François Hadengue, propriétaire du site et dépositaire des pièces.
datation III° ap. J. C.

Echelle 1/5

André Marbach

Faux à douille d'emmanchement perpendiculaire à la lame.

Représentation photo-numérique

repère: 1.F.dp

Vue de dessus

Vue de profil

Musée de Bayonne (64) réf. D 2000.001.0017

provient d'une sépulture , St Michel, Basse Navarre.

poids 950gr

bibliographie: J. Blot, Les Cromlechs de Sohandi (compte rendu de fouille), Bulletin du Musée Basque N° 109, Bayonne, 1985, p.115-131.

datation par thermoluminescence faite à Bordeaux 1120 + ou-250 ap. J. C.

Echelle 1/5

André Marbach

Dessin technique de représentation

(un dessin d'exécution demanderait une cotation plus importante)

repère: 1. F.dp

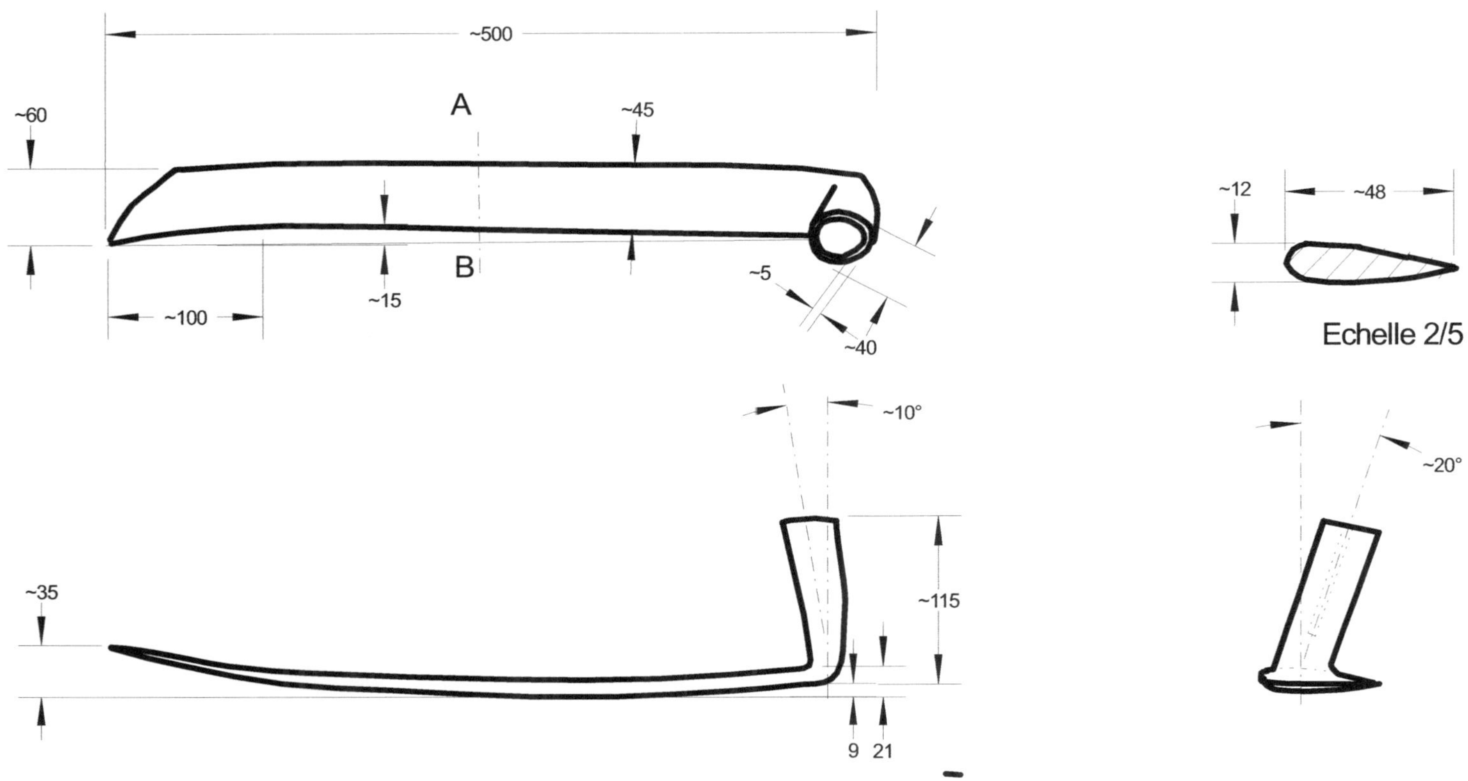

faux du Musée de Bayonne (64) ref. D2000.001.0017.
Lieu de découverte : provient d'une sépulture, St Michel, Basse Navarre.

Echelle 1/5

bibliographie: J. Blot, Les Cromlechs de Sohandi (compte rendu de fouille), Bulletin du Musée Basque N° 109, Bayonne, 1985, p.115-131.

André Marbach

datation mobilier accompagnement thermoluminescence: 1150 (+ ou - 210).
Poids: 950gr assez bon état.

Représentation photo-numérique

repère: 2.F.dp

Vue de dessus

Vue de profil

lieu de découverte Fort Harrouard (Eure et Loir)
par Abbé Philippe en 1929.
Site occupé de 4000 av. J. C. à 400 ap. J. C.
Datation précise inconnue mais vraisemblablement dans la fourchette Tène Finale fin époque romaine

poids750gr
En dépot au MAN St Germain en Laye (78) référence 75133

Echelle 1/5

André Marbach

Dessin technique de représentation

(un dessin d'exécution demanderait une cotation plus importante)

repère: 2. F.dp

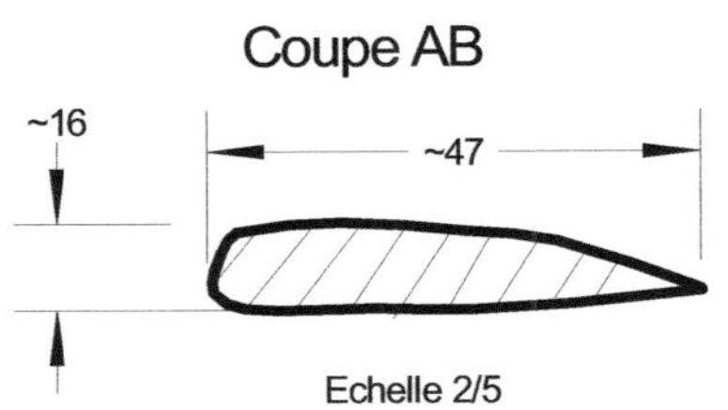

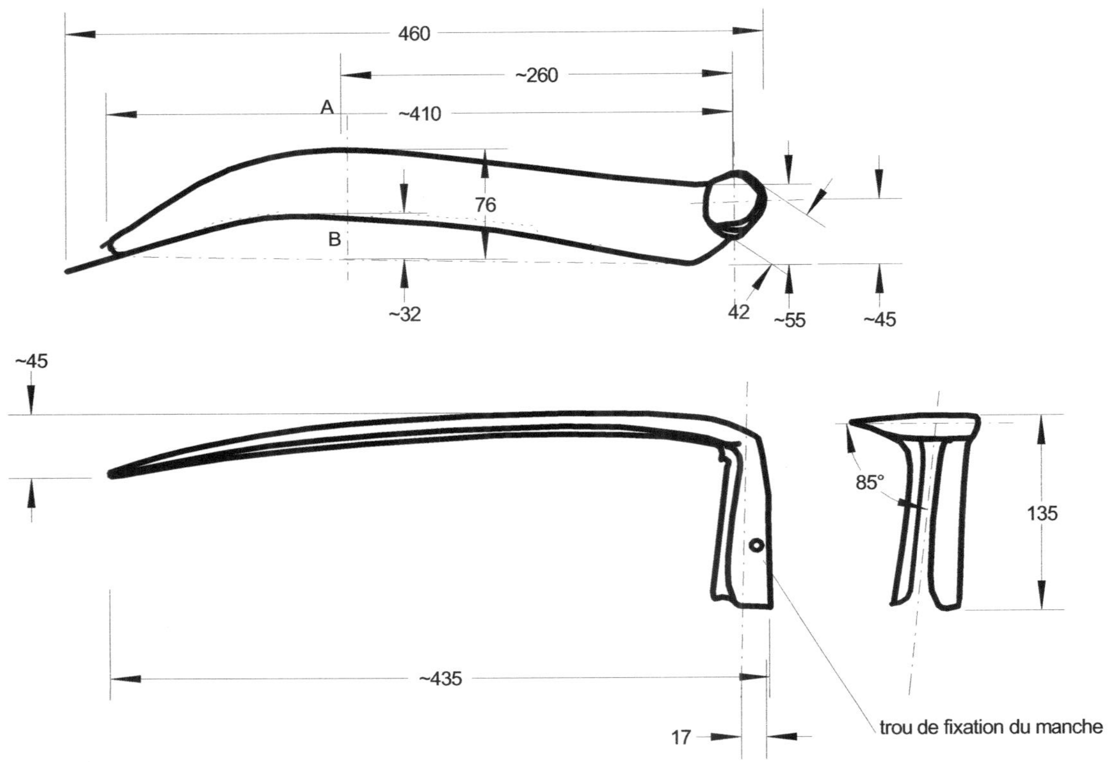

lieu de découverte Fort Harrouard (Eure et Loir)
par Abbé Philippe en 1929.
Site occupé de 4000 av. J. C. à 400 ap. J. C.
Datation précise inconnue mais vraisemblablement dans la fourchette Tène Finale fin époque romaine

poids750gr

En dépot au MAN St Germain en Laye (78) référence 75133

Echelle 1/5

André Marbach

Représentation photo-numérique

repère: 3. F.dp

Vue de dessus

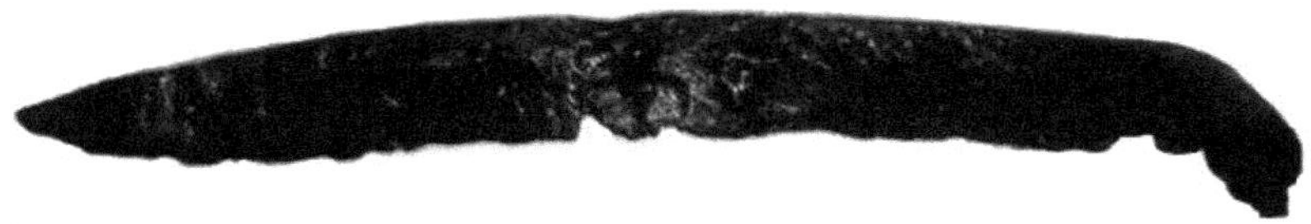

Vue emmanchement posé sur le sol

Musée de Greuze, Tournus.(71); Repère :82002-444.

Datation. Classé avec les objets gallo-romain, mais trouvé dans le lit de la Saône

Photos numériques fournis aimablement par le Musée de Tournus(71)

poids 660gr

Echelle1/5

André Marbach

Dessin technique de représentation
(un dessin d'exécution demanderait une cotation plus importante)

repère: 3.F.dp

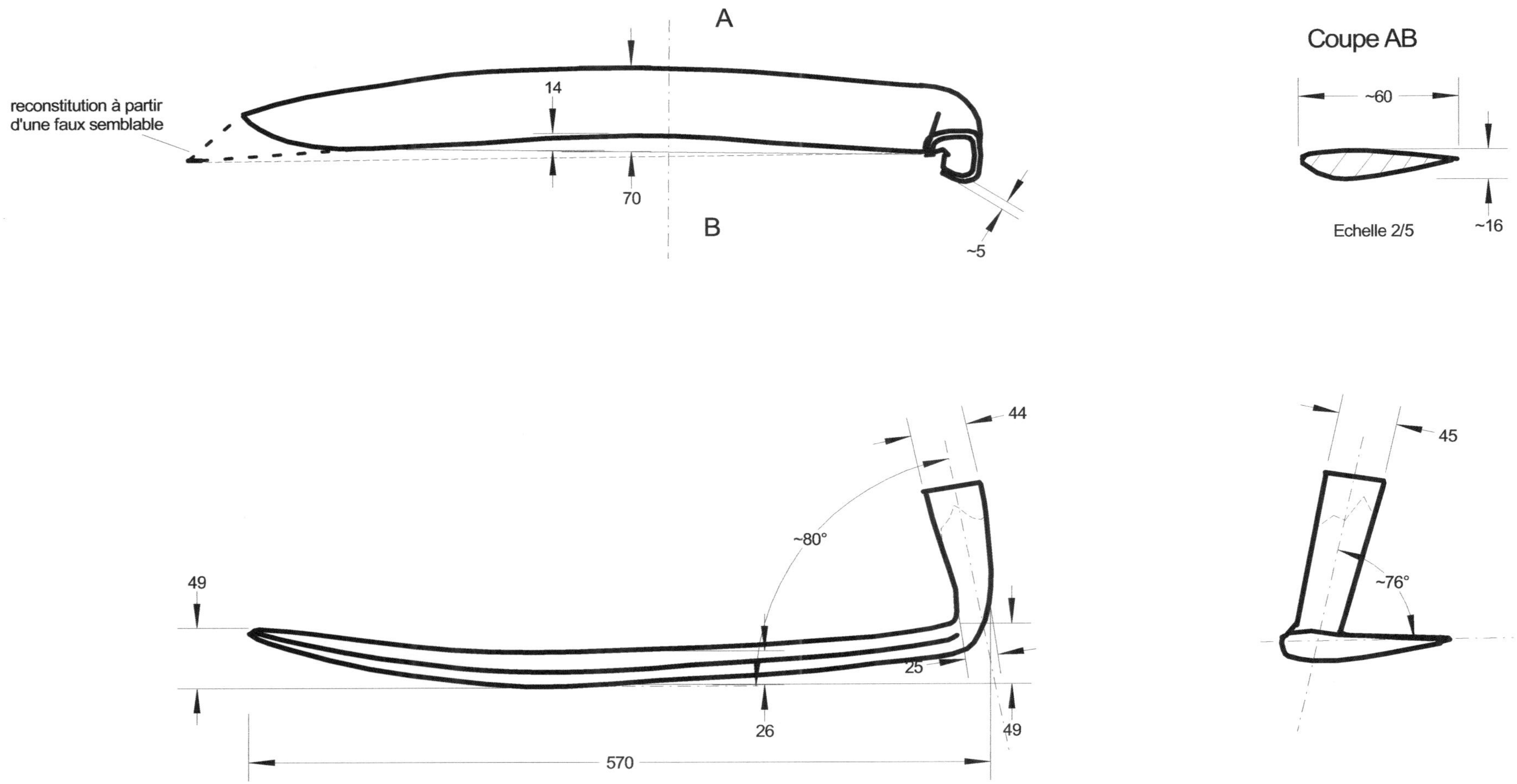

dessin technique rélisé à partir des photos numériques fournies par le Musée de Tournus.

faux en dépot au Musée Greuze de Tournus(71), réf.82002-444.
poids 660gr
lieu de découverte: lit de la Saône
datation incertaine, indiqué comme gallo-romain par Jeanton 1926 dans sa donation au musée, sans preuve, sa morphologie indiquerait une ressemblance avec les faux dites du "Moyen-Âge"

Echelle 1/5

André Marbach

Dessin archéologique

repère: 4.F.dp

photo numérique de Mr J. Crols de Malines (Belgique)

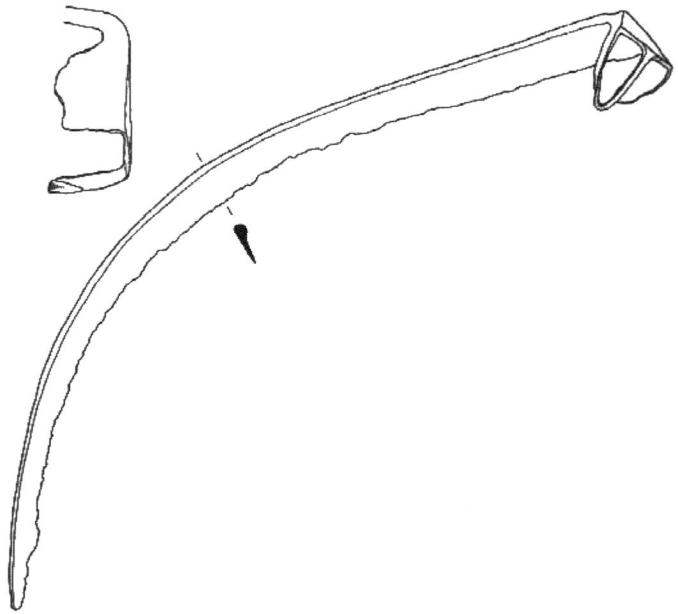

Faux de Muizen près Mechelen (Belgique)

copie de: Vandenberghe St. , Een gallo-romeinse Waterput te Muizen bij Mechelen, Archaeologica Belgica 247, 1981, p. 75-78.

datation: trouvé dans un puits avec d'authentiques objets gallo-romains, mais l'originalité de la pièce amène à douter de la datation gallo-romaine

poids 480gr

Echelle 1/5

André Marbach

Dessin technique de représentation
(un dessin d'exécution demanderait une cotation plus importante.)

repère: 4.F.dp

Coupe AB

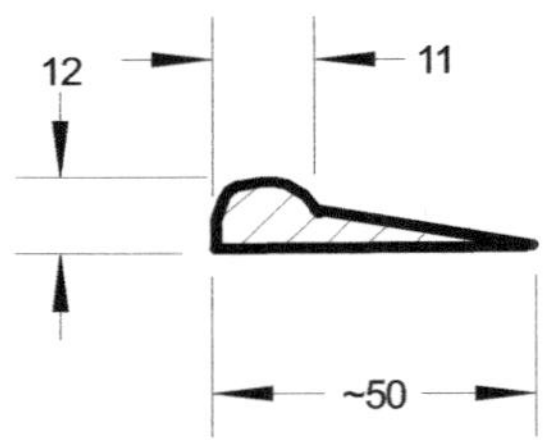

Echelle 2/5

Coupe CD

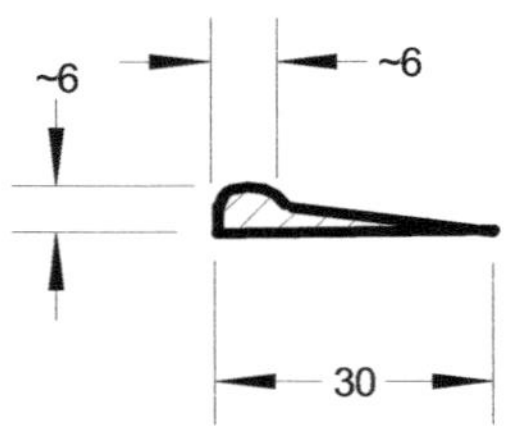

Echelle 2/5

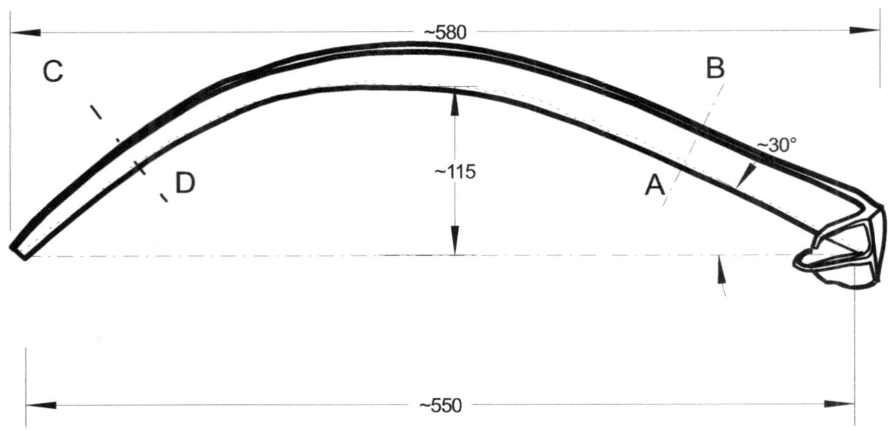

d'après Mr Jean Crols l'emmanchement est sensiblement perpendiculaire au plat de la lame

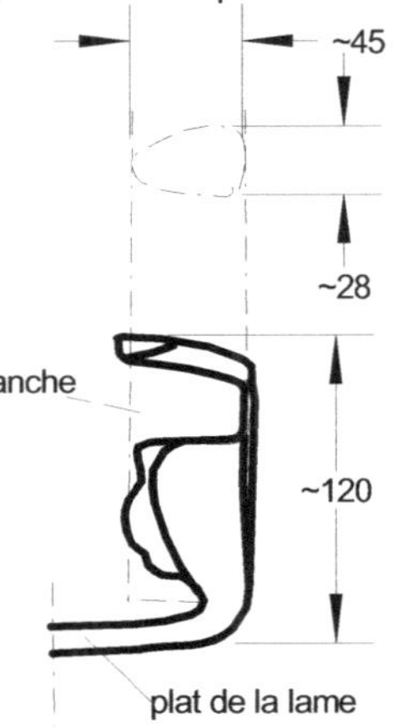

Faux de Muizen près Mechelen (Belgique)

pièce en dépôt chez Mr Jean Crols B 2800 Mechelen (Belgique) qui nous a aimablement fournit toutes les indications permettant de réalisé ce dessin technique.

datation: trouvé dans un puits avec d'authentiques objets gallo-romains, mais l'originalité de la pièce amène à douter de la datation gallo-romaine

poids 480gr

Echelle 1/5

André Marbach

Dessin archéologique

repère: 5.F.dp

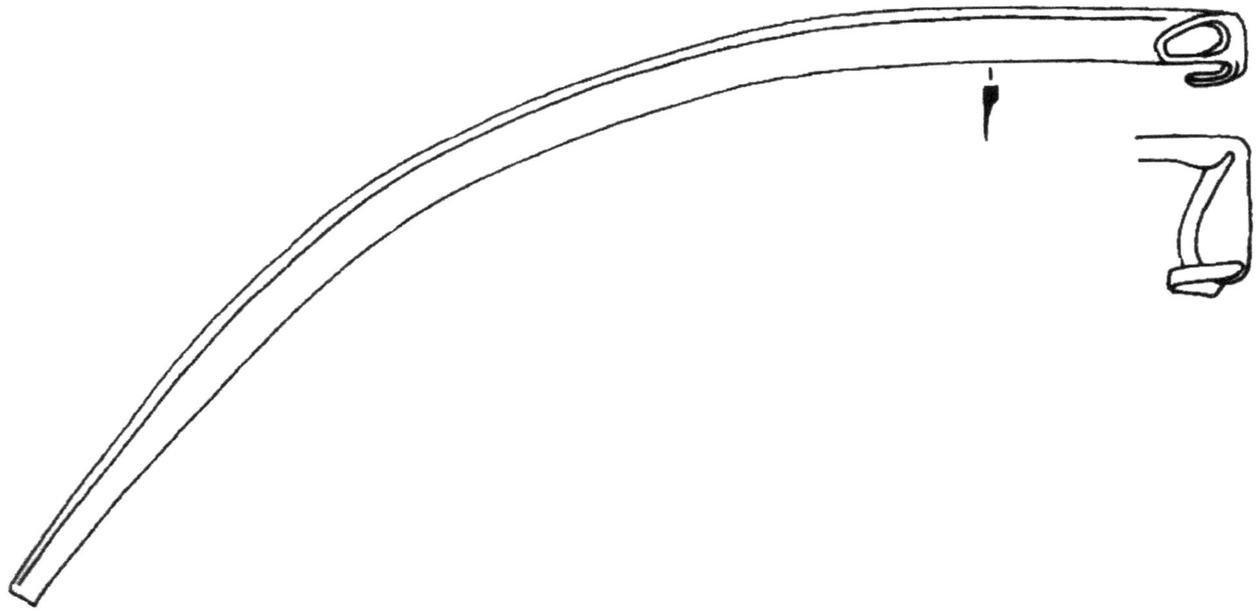

Faux de Pommeroeul (Belgique)

Dessin réalisé à partir d'une publication de : Henning J., Fortleben und Weiterenwicklung spätrömischer Agrargerätetraditionen in NordGallien, *Acta Archéologica Lovaniensa* , 30, 1991, ab. 5.

André Marbach

Echelle 1/5

Outils agricoles de coupe à lame et à manche.

Lame à profil symétrique.

Représentation photo-numérique

repère: 1.OCa.sy

Outil de coupe agricole à section de lame symétrique

Paul Vouga, La Tène, monographie de la station, Leipzig, 1923.

Repère Vouga n°3090, datation LTC1-LTC2 ~environ 200 av. J. C.

Echelle 1/5

André Marbach

Dessin technique de représentation

(dessin schématique)

repère: 1.0Ca.sym

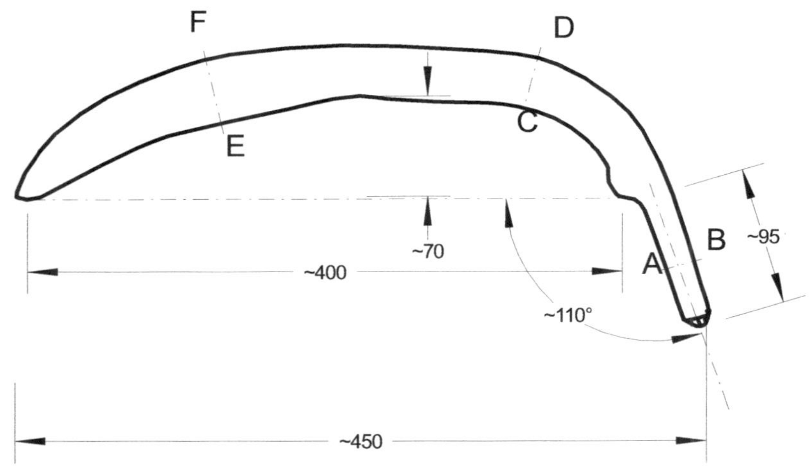

schéma du profil

Coupe EF

Coupe CD

Coupe AB

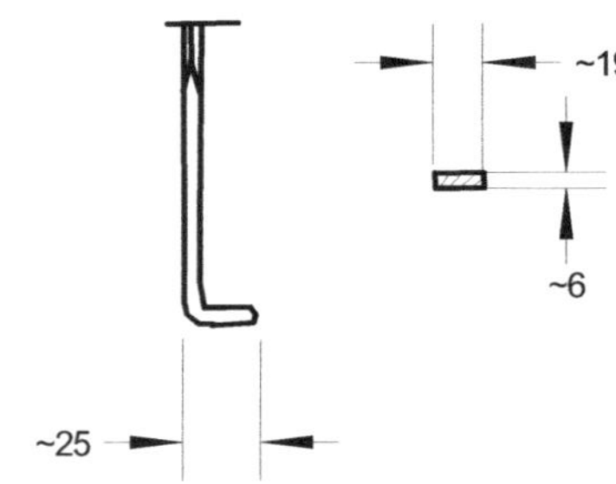

Outil de coupe agricole à section de lame symétrique

Paul Vouga, La Tène, monographie de la station, Leipzig, 1923.

Repère P. Vouga n°3090, datation LTC1-LTC2 ~environ 200 av. J. C.

Dessin technique réalisé à partir des indications de Mr Thierry Lejars, Cnrs, Umr 8546, ENS Paris.,

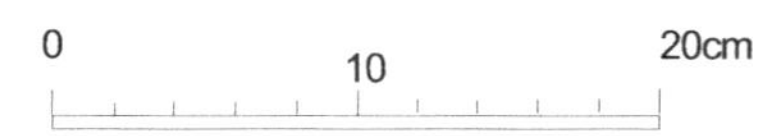

A.M.

Dessin technique de représentation

(un dessin d'exécution demanderait une cotation plus importante)

repère: 2.0Ca.sym

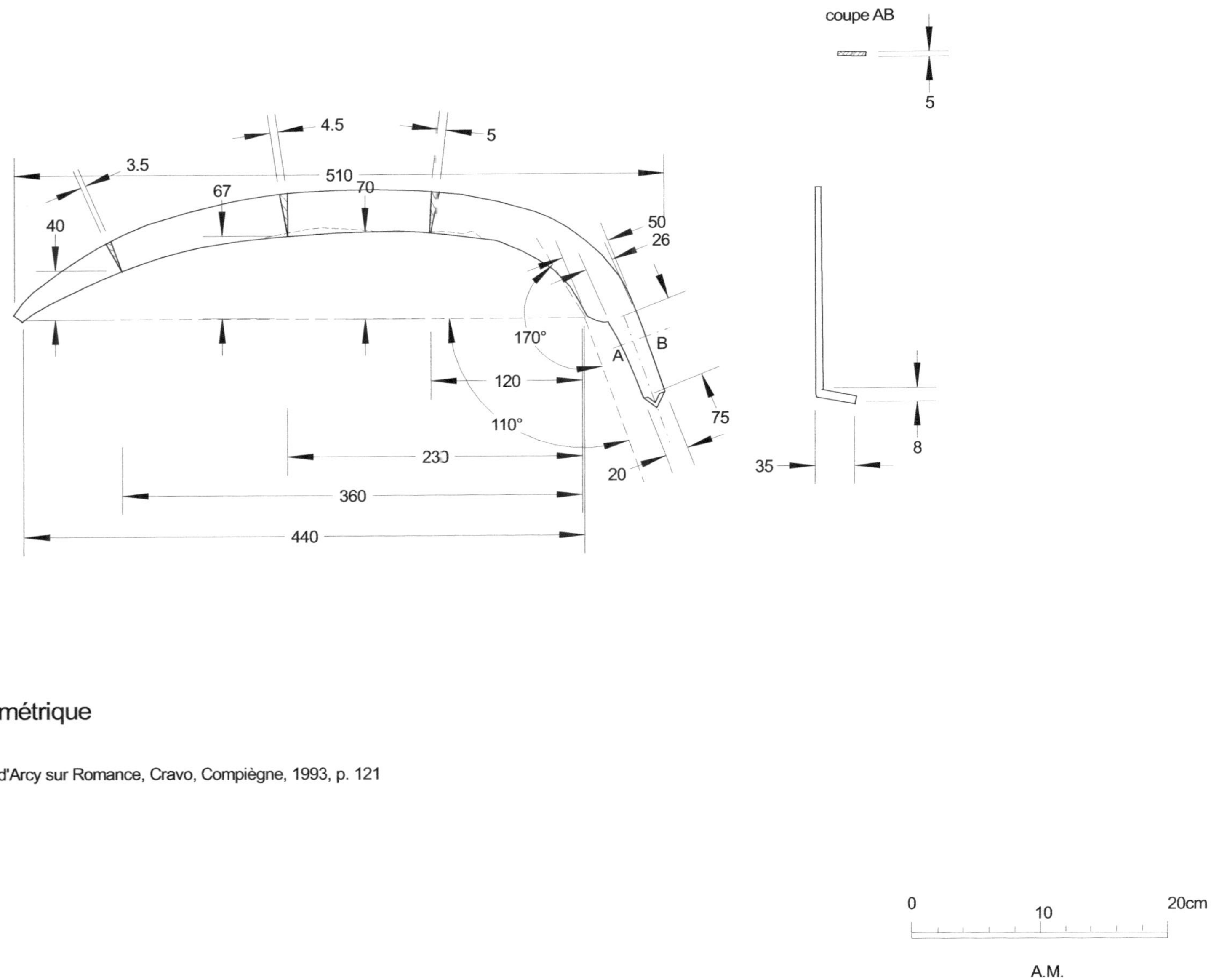

Outil de coupe agricole à section de lame symétrique

Faux Acy Romance
Datation,Tène D1A Réf. Lambot B. et Méniel P., Habitat gaulois d'Arcy sur Romance, Cravo, Compiègne, 1993, p. 121
Musée de Charleville (Ardennes) Rep. ARW2/ 208
Poids : 0.438kg
Taux d'oxydation estimée 10%

Dessin archéologique

repère: 3.0Ca.sym

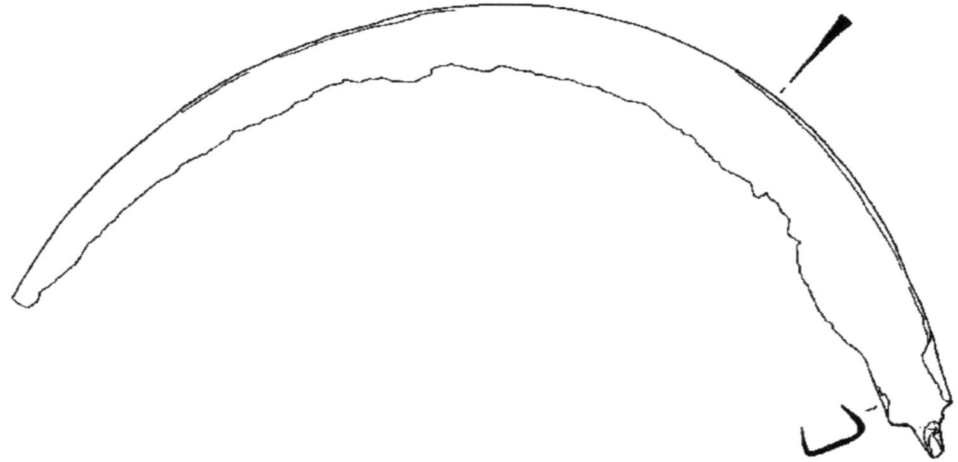

Outil de coupe agricole à section de lame symétrique

Référence bibilographique: F. Hubert, Site portuaire de Pommeroeul, Archaeologica Belgica 248, Bruxelles, 1982, cette représentation est extraite de cette référence

En dépôt au musée de Pommeroeul
N° cat. 212.
datation: La Tène

Dessin technique de représentation

(un dessin d'exécution demanderait une cotation plus importante)

analyse dimensionnelle.

repère: 3.0Ca. sym

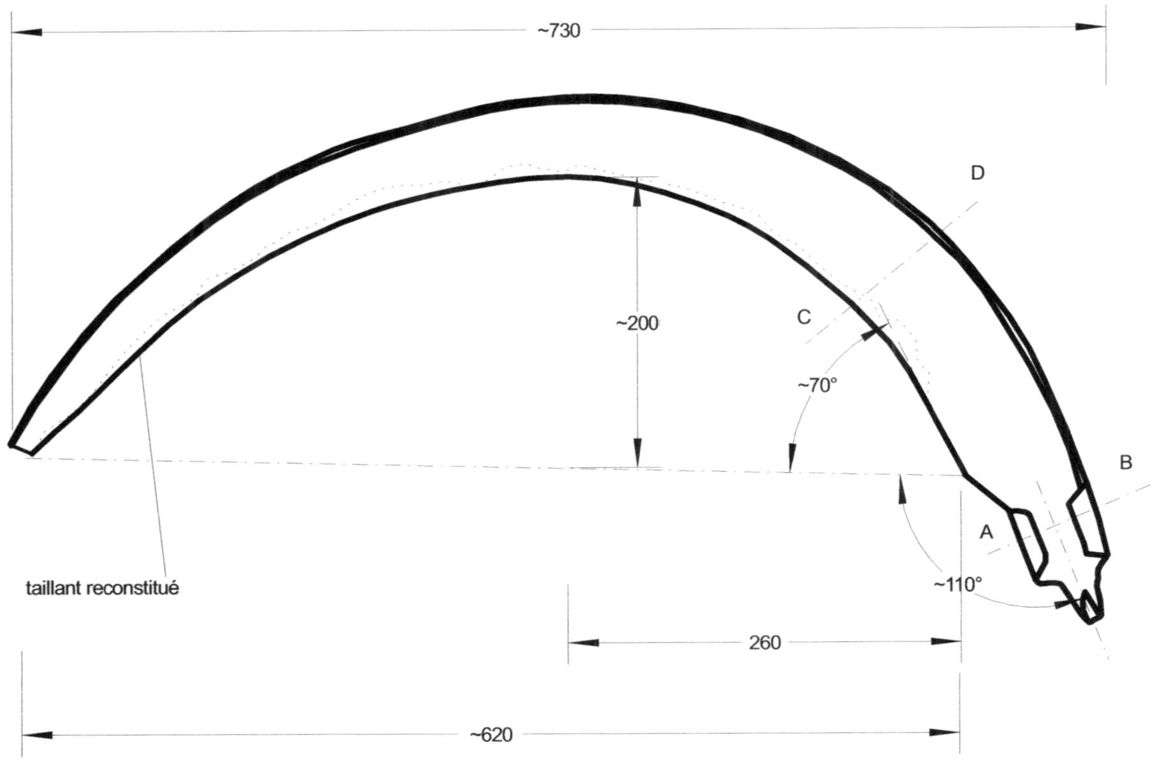

Coupe CD

Coupe AB

Outil de coupe agricole à section de lame dissymétrique.

découverte portuaire de Pommeroeul (Belgique)

datation: La Tène

réalisé à partir de la représentation de F. Hubert, Archaeologica Belgica 248, Site portuaire de Pommeroeul, Bruxelles, 1982

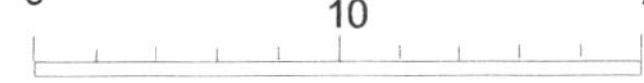

A.M.

Reproduction photo numérique

repère: 4.0Ca.sym

Outil de coupe agricole à section de lame symétrique.

en dépot au Musée de Vienne (69), ref. , réalisé à partir de photo fournie par le Musée
Datation gallo-romaine.

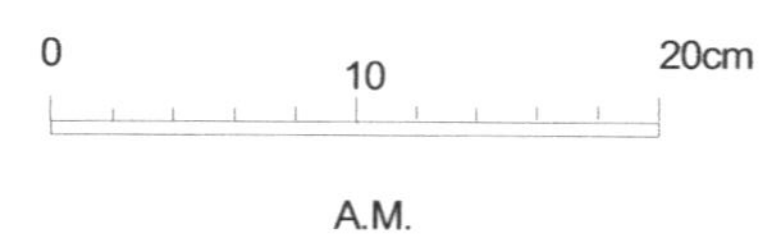

Dessin technique de représentation

(un dessin d'exécution demanderait une cotation plus importante)

repère: 4.0Ca. sym

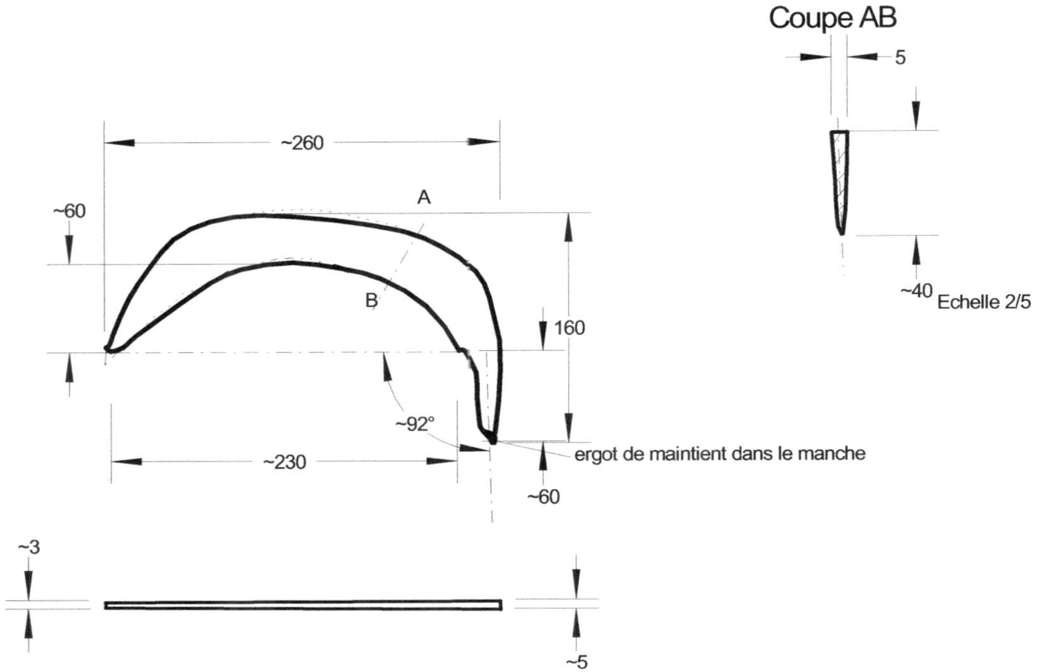

en dépôt au Musée de Vienne (69)

datation: gallo-romain.

Réalisé à partir des indications et de photos numériques réalisés par le Musée de Vienne (69)

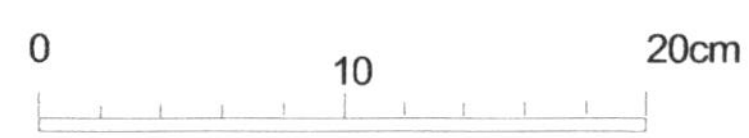

A.M.

Outils agricoles de coupe à lame et à manche.

Lame à profil dissymétrique.

Représentation photo-numérique

repère: 1.OCa.dis

Outil de coupe agricole à section de lame dissymétrique.

Paul Vouga, La Tène, monographie de la station, Leipzig, 1923.

Repère P. Vouga n°3089, datation LTC1-LTC2 ~environ 200 av. J. C.

Echelle1/5

André Marbach

Dessin technique de représentation

Schéma technique

repère: 1.0Ca.dis

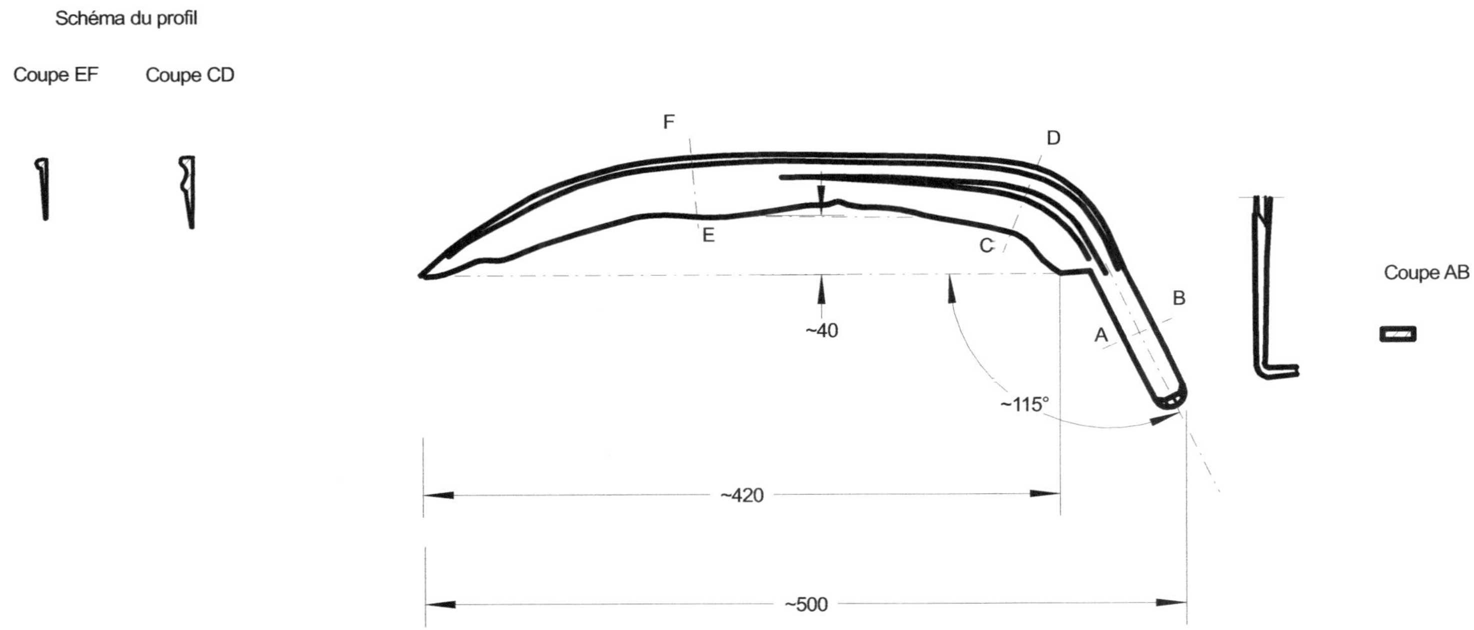

Outil de coupe agricole à section de lame dissymétrique

Paul Vouga, La Tène, monographie de la station, Leipzig, 1923.

Repère P. Vouga n°3089, datation LTC1-LTC2 ~environ 200 av. J. C.

Dessin technique réalisé à partir des indications de Mr Thierry Lejars, Cnrs, Umr 8546-ENS Paris.

Echelle 1/5

André Marbach

Représentation photo-numérique

repère: 2. OCa. dis

Outil de coupe agricole à section de lame symétrique

Musée de Troyes, ref.1491- A66 lieu de découverte, Troyes , alluvions de la Seine lieu dit "Les Vachettes"
datation d'après mobilier d'accompagnement Tène finale ou début période romaine
poids 290gr
bibliographie, Hourseau 1994:188.
Réalisé à partir de photo-numérique fournie par le Musée de Troyes (Aube)

Echelle1/5

André Marbach

Dessin technique de représentation

(un dessin d'exécution demanderait une cotation plus importante)

Schéma

repère: 2.OCa.dis

Coupe AB

schéma

Echelle 2/5

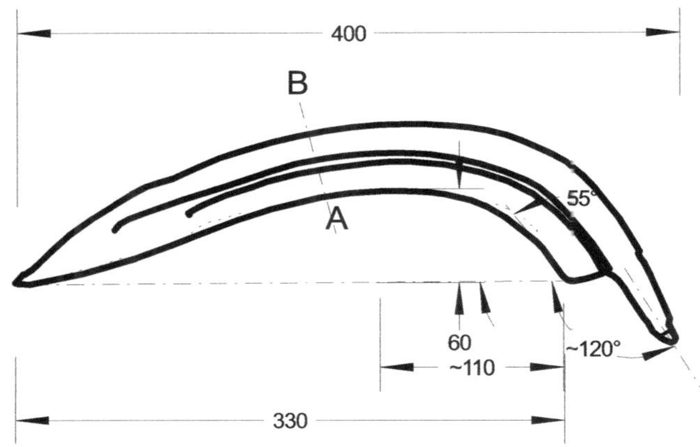

Outil de coupe agricole à section de lame dissymétrique

Musée de Troyes, ref.1491- A66 lieu de découverte, Troyes , alluvions de la Seine lieu dit "Les Vachettes"
datation d'après mobilier d'accompagnement Tène finale ou début période romaine
poids 290gr
bibliographie, Hourseau 1994:188.

Réalisé à partir de photo-numérique fournie par le Musée de Troyes (Aube)

Echelle 1/5

André Marbach

Dessin technique de représentation

(un dessin d'exécution demanderait une cotation plus importante)

repère: 3. OCa.dis

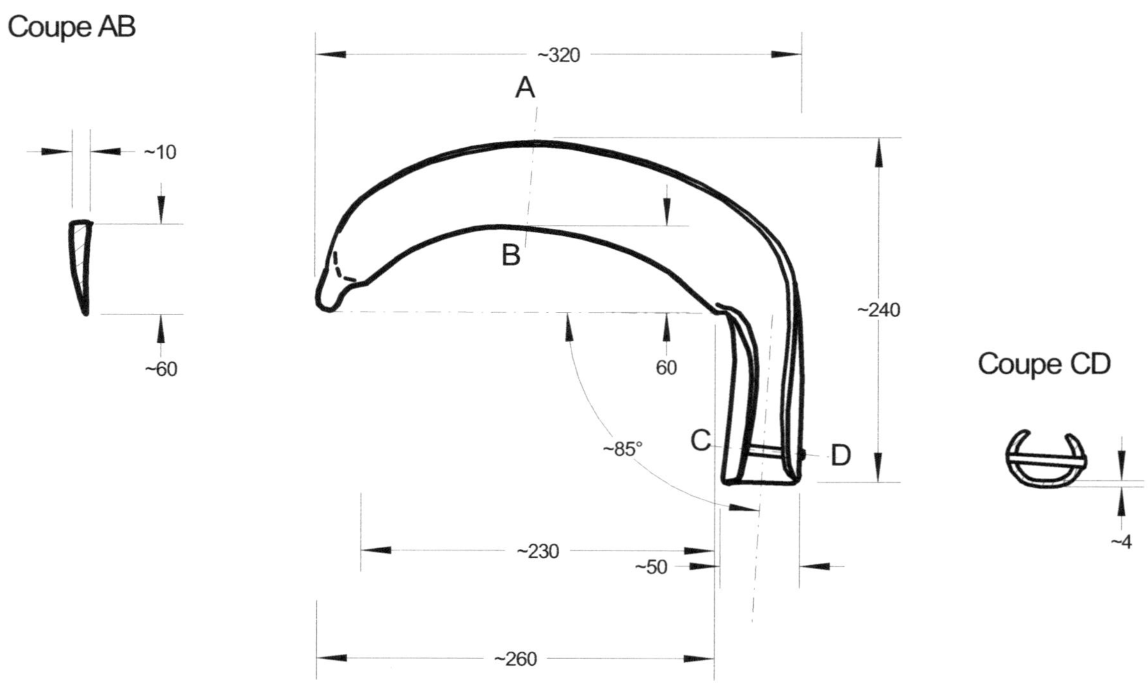

Outil de coupe agricole à section de lame dissymétrique.

fouille de Saumeray (28), Thierry Lejars , CNRS UMR 8546, ENS Paris. Dessin réalisé à partir de ses indications.

datation La Tène I-II° av. J.C.

Echelle 1/5

André Marbach

Dessin technique de représentation
(un dessin d'exécution demanderait une cotation plus importante)

repère: 4.0Ca.dis

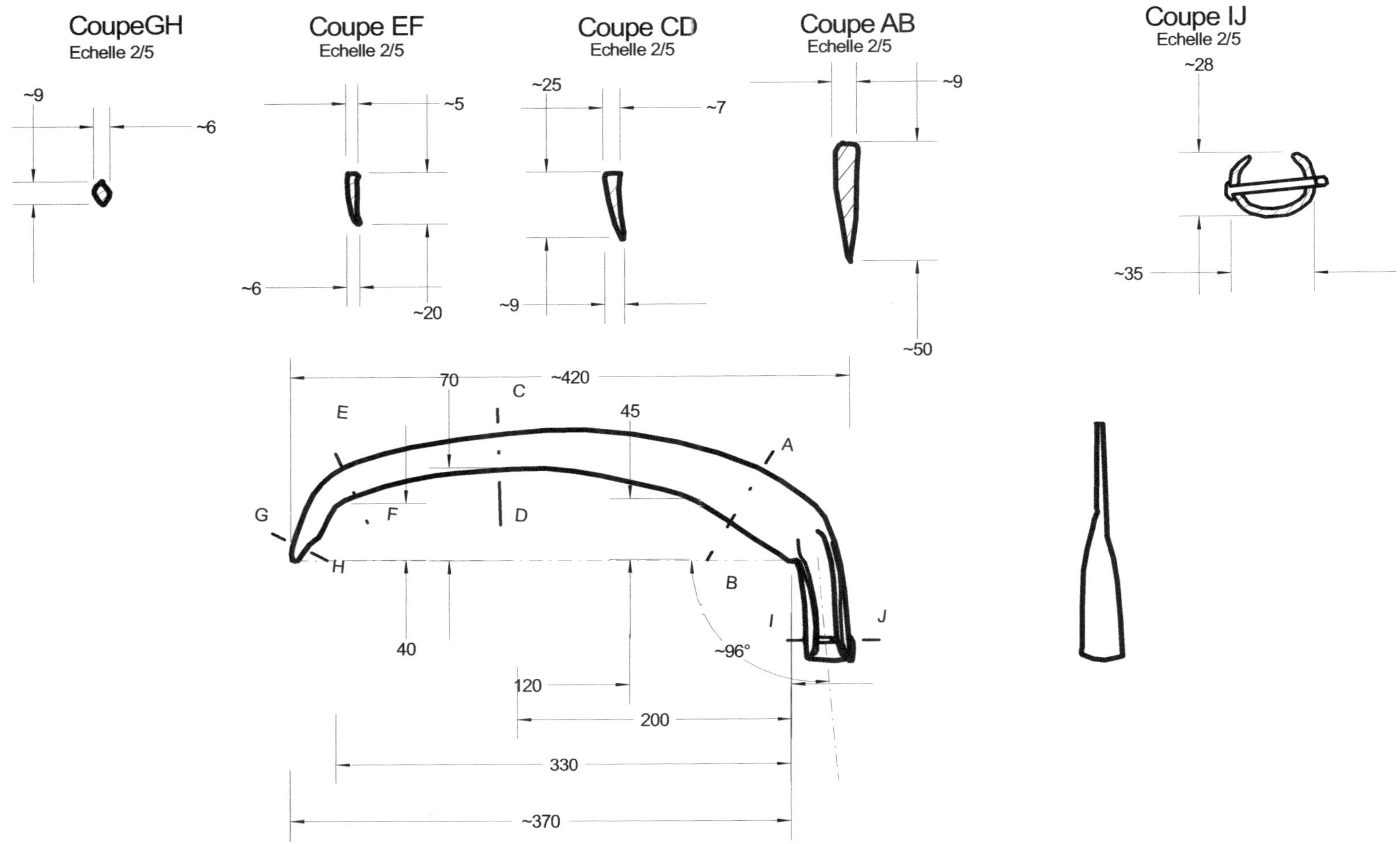

Outil de coupe agricole à lame de coupe dissymétrique

fouille de Saumeray (28), Thierry Lejars , CNRS UMR 8546, ENS Paris. Dessin réalisé à partir de ses indications.

datation La Tène I-II° av. J.C.

Echelle 1/5

André Marbach

Représentation photo-numérique

repère: 5.OCa.dis

Faux de Malain (21)
dépot de fouille de Malain N° inv. 1978-47
gallo-romain
datation -III°ap. J.C.

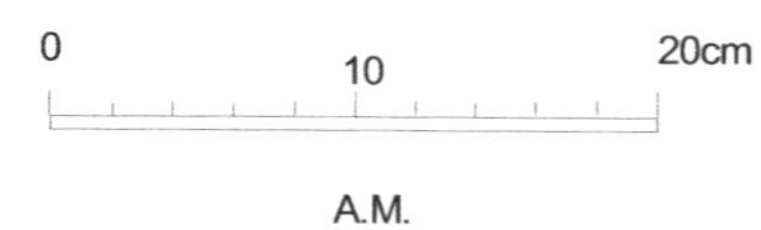

Dessin technique de représentation

(un dessin d'exécution demanderait une cotation plus importante)

repère: 5.OCa.dis

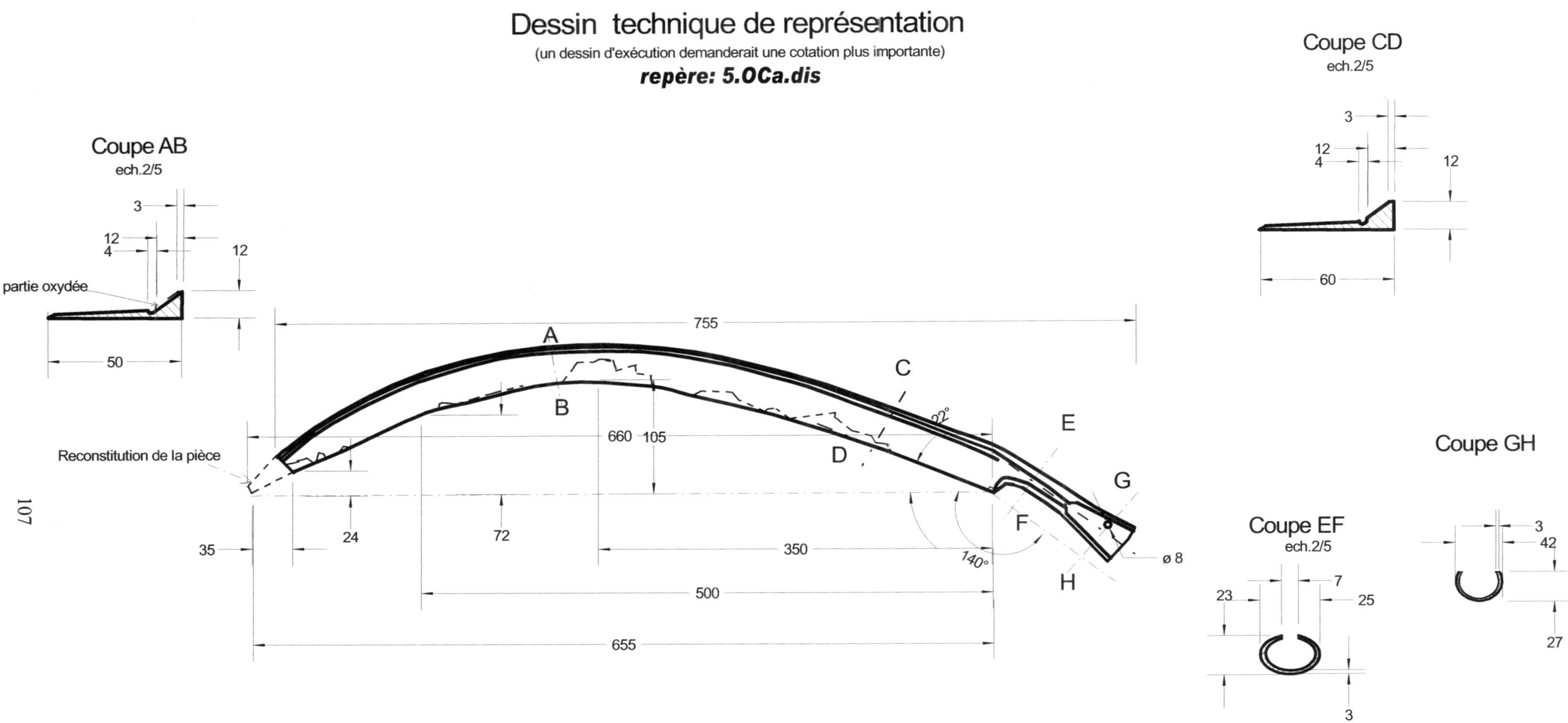

Faux de Malain (21)
dépot de fouille de Malain, N° inv. 1978-47
Poids 535gr (très très oxydé 50%)
datation - III°siècle apr. J.C.
Nota: le dessin a été reconstruit pour permettre l'étude la pièce, celle-ci étant très oxydée

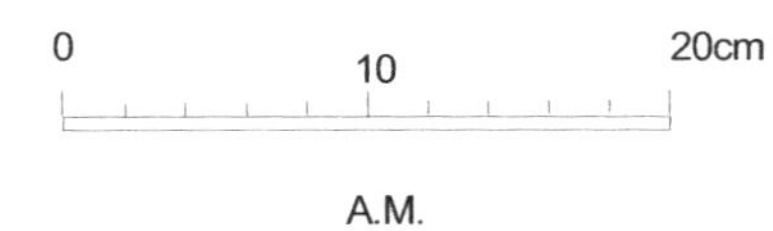

DEUXIEME PARTIE

Recherches sur les faux entières et les outils agricoles de coupe entiers à lame et à manche de la Gaule

CHAPITRE 1

ETUDE DES SOURCES ET APPROCHE TECHNIQUE DE L'OUTIL

Introduction

Les faux sont des outils et comme tels elles suivent des lois techniques d'utilisation qui leur sont propres. Certes ici ils appartiennent à l'Histoire, mais l'étude des faux, qui sont des outils, ne peut être faite comme celle d'autres objets courants de la même époque. C'est pourquoi, en plus d'une étude des sources bibliographiques et iconographiques, il a été jugé utile d'effectuer une étude technique de l'outil. On connaît le côté un peu rébarbatif que peut présenter pour des non-spécialistes cet aspect des choses et c'est pour que cela que les parties les plus difficiles ont été mises en annexe.

Le dépouillement du catalogue utilisera des indications empruntées à cette étude technique pour essayer d'apporter un éclairage un peu nouveau. Il a été jugé bon d'examiner, à des fins comparatives, les travaux des spécialistes qui se sont penchés sur l'étude des faux de l'époque romaine.

1.1.) Etude des sources.

Cette recherche, rappelons-le, a été fondée sur l'étude d'un catalogue de faux entières, qui en constitue la source principale. Son dépouillement et les réflexions qui en résultent occupent donc une part importante de cette recherche.

Parallèlement les documents iconographiques ont fait l'objet d'un examen particulier.

1.1.1.) Les documents iconographiques et les études les concernant.

1.1.1.1.) Stèle du Musée de Vesoul.

La faux, bien que légèrement courbe, est une faux dite "droite", le faucheur est en train de l'affûter avec une pierre. La faux a une nervure de renfort sur le bord extérieur L'ensemble faux/manche semble équilibré avec un manche brisé. En fait elle ressemble à une faux moderne, poignées de manœuvre exclues. L'angle de la corde du taillant avec le tenon de fixation du manche est de 40° et celui du manche avec la corde du taillant 82°.

Photo personnelle | Représentation[1]

Fig. 4 : Représentation de la stèle de Vesoul.

1.1.1.2.) Relief de la Porte Mars à Reims.

La partie du relief du calendrier des saisons de la Porte Mars de Reims qui concerne les faux, n'est surtout connue que par des représentations car les dégradations subies ne permettent plus un examen complet. Il faut donc avoir recours à des représentations anciennes qui ne sont pas forcément fiables. A titre d'exemple elles sont reproduites ci-après.

L'image de gauche est celle de Colin du XVII° siècle et à droite celle de Brunette du XIX° siècle. La représentation de Colin montre deux types de faux, une faux à lame droite de faible courbure et une faux courbe, et celle de Brunette indique deux faux courbes. Il faut donc être très prudent dans l'utilisation de ce relief. Par contre la représentation de Bence en dessous semble plus conforme à la réalité[2] surtout si on la compare à la scène de labour en très bon état. Nous sommes allés sur place reprendre des photos afin d'en tirer quelques indications mais le relief qui concerne les faux est, sauf quelques détails, indéchiffrable.

[1] *Gallia* 32, 1974,418/fig. 28.

[2] C'est aussi l'avis de Henri Stern, Le cycle des Mois et la Porte Mars à Reims, Hommages à Georges Grenier, *Collection Latomus-Bruxelles*, 1962, p. 1140-1446.

Fig. 5 Représentation du Calendrier de saisons de la Porte Mars de Reims. Scènes de fenaison.

Si l'on croit les indications de Henri Stern[3], qui a fait une étude complète portant sur la représentativité des travaux en fonction des saisons, le cycle gallo-romain indique, le mois de Juillet pour la fenaison, Août pour les moissons, Septembre pour le labour, Octobre pour les vendanges etc.., alors que dans les documents antiques, la fenaison est en Juin et la moisson en Juillet.

Que peut-on penser de la fiabilité des informations qui figurent sur ce relief ? La représentation du labour, du fait qu'elle soit intacte et bien lisible, a retenu notre attention bien qu'elle soit hors sujet. On y retrouve quelques anomalies, par exemple : l'araire parfaitement représenté ne se situe pas au niveau du sol, le laboureur n'utilise pas la bonne main pour tenir le mancheron de l'araire ni le fouet. Il y a une inversion qui peut être due à la nécessité d'avoir une bonne représentation du motif dans le sens choisi pour le labour. La composition de la scène empêche un examen trop technique du motif. Un autre exemple est celui des moissons avec la représentation du « *vallus* » gaulois. Peut-on vraiment retrouver des indications précises à partir de la représentation du « *vallus* » figurant sur ce relief ? On peut en douter, quand on connaît le bas relief de Buzenol (Belgique).

Fig. 6 Le labour, calendrier des saisons. Porte Mars de Reims. (Photo personnelle)

Il est à craindre qu'il en soit de même pour la représentation des faux. Elle a été très étudiée par Henri Stern qui a fait des estimations de mesure de la lame et du manche à partir de la représentation de Bence qu'il juge la plus conforme. La grande faux ronde représentée de face, n'est

[3] Stern H., *op. cit.*, p. 1145.

pas entière pour des raisons de composition du motif : En effet la photo que nous avons faite avec ce qui reste du relief montre que l'extrémité de cette faux se termine par une coupure brutale à la frontière avec un autre motif représenté. Il y a aussi quelques doutes sur la prise en main de la faux par le faucheur.

Que peut-on retenir ? L'indication du mois de Juillet pour l'utilisation des faux, des faux à long manche en cours d'affûtage, pour le reste la prudence est de mise. La datation est fin II°-début III° siècle.

1.1.1.3.) Une représentation de faucheur.

Il existe une autre représentation de faucheur mentionnée par Paul Brandt[4], elle est reproduite ici. Elle est issue d'un monument funéraire d'Arlon (Belgique), mais ne figure sur aucun inventaire, en particulier celui d'Emile Espérandieu[5] ; toutefois il a semblé utile de la présenter. Il s'agit d'une faux droite, avec un manche ayant une poignée à son extrémité, mais l'impression dominante est que le faucheur n'est pas en position de travail.

Abb. 170. Schnitter von einem Grabmal aus Arlon

Fig. 7 : Représentation d'un faucheur sur une stèle d'Arlon.

Enfin, on peut citer pour mémoire la miniature dite "de Cologne" [6] trouvée dans une tombe. Il s'agit vraisemblablement d'une représentation d'un outil de coupe agricole à lame et à manche à grande courbure, sur laquelle nous ne pouvons ajouter des observations.

En conclusion les documents iconographiques disponibles sont rares et d'un enseignement discutable. Cela confirme bien tout l'intérêt qu'il faut apporter à la réalisation et surtout à l'étude raisonnée d'un catalogue des faux entières de la Gaule.

1.1.2.) Les auteurs latins.

-Les textes des agronomes latins.

Comme il ne s'agit ici que des faux, les textes les concernant on été isolés afin de servir de référence dans les réflexions qui seront faites ultérieurement.

[4] Brandt P., *Schaffende Arbeit und bildende Kunst*, Leipzig, 1927, p. 132, fig. 170.
[5] Espérandieu E., *Recueil général des Bas Reliefs*, Statues et Bustes de la Gaule Romaine, Paris, 1913, t.
[6] Rodenkirchen, Kreis Köln, grabfund, fin IV°.

Columelle. L'économie rurale.
(Traduction, du Bois)

Livre II.-XXI.

....Sunt autem metendigenera complura; ***multi falcibus vericulatis,*** *atque iis vel rostratis, vel denticulatis, medium culmum secant; multi mergis, alii pectinibus spicam ipsam legunt, idque in rara segete facillimum, in densa difficillimum est. Quod si falcibus seges cum parte culmi demessa sit, protinus in acervum, vel in nubilarium congeritur, et subinde opportunis solibus torrefacta proteritur. Sin autem spicae tantummodo recisae sunt, possunt in horreum conferri, et deinde per hienem vel baculis exuti, vel exteri pecudibus. At si competit ut in area teratur frumentum, nihil dubium est quin equis melius, quam bubus ,ea res conficiatur: et si pauca juga sunt, adjicere tribulam et traham possis; quae res utraque culmos facillime comminuit.*

Columelle , De l'Agriculture, Traduction Louis Du Bois, Panckoucke, Paris, 1845, Livre II, XXI ;
« Beaucoup de cultivateurs coupent au milieu le chaume, avec des faux à long manche, soit à bec, soit à dent (note de l'auteur très petite faux) ; beaucoup enlèvent l'épi même à la fourche, d'autre au fauchet : ce qui est très facile dans une moisson clairsemée, et très difficile quand elle est très fourrée. Si les blés sont coupés à la faux avec une partie du chaume ; on les entasse aussitôt en meules…..S'est on borné à couper les épis, on peut les porter au grenier »

Pline l'Ancien, Histoire Naturelle.
(traduction H. Le Bonniec)

Livre II, XVIII.

261 Fuit hoc quoque maioris inpendii apud priores Creticis tantum transmarinisque cotibus notis nec nisi oleo aciem falcis excitantibus ; igitur cornu propter oleum ad crus ligato fenisex incedebat. Italia aquariae cotes dedit limae uice imperantes ferro, sed aquariae protinus uirent. Falcium ipsarum duo genera : Italicum breuius ac uel inter uepres quoque tractabile, Galliarum latifundia maioribus <...> conpendia, quippe medias caedunt herbas breuioresque praetereunt. Italus fenisex dextra una manu secat.

Pline l'ancien, Histoire Naturelle, traduction Le Bonniec, Les Belles Lettres, Paris, 1972, Livre XVIII, 261 ;
« Il y a deux sortes de faux : l'italienne est plus courte et plus maniable, même au milieu des ronces, celles que l'on utilise dans les grands domaines des Gaules sont plus longues et abrègent le travail, car elles coupent les herbes à mi-hauteur et ne touchent pas celles qui sont trop courtes. Le faucheur italien ne fauche que de la main droite »

-L'étude des textes.

On se bornera à mentionner les traductions en se rappelant toutes les réserves sur l'emploi du mot faux[7] . Il faut prendre garde qu'en latin, falx ne signifie rien de précis, disons « tout instrument tranchant à lame courbe ». Cet examen sera repris plus loin sous une autre forme avec la datation présumée de l'origine de la vraie faux. ***(Chapitre 3, paragraphe 3.2.1.)***

1.2.) Etude Technique des Faux.
Schéma de fonctionnement et diverses caractéristiques d'une faux.

La première question qui s'est posée dans la réalisation de l'inventaire était, comment représenter une faux, quels sont les éléments importants à noter sur un dessin ?

La deuxième question, comment regrouper et classer les faux sans étudier du point de vue technique leur fonctionnement ?

[7] Le Gall, Les « falces » et la « faux », *Etude d'Archéologie classique*, II, Paris , 1959, p.53-71.

Il est donc apparu qu'une étude du fonctionnement s'imposait pour trouver des critères suffisamment simples mais essentiels qui pourraient nous permettre de caractériser les différents types de faux.

C'est donc la faux classique du XX° siècle qui a été prise en compte; car elle est bien connue et les exemples disponibles sont nombreux. Peut-on en tirer des enseignements pour les faux plus anciennes de l'époque gallo-romaine ? C'est une voie qui sera explorée.

1.2.1.) Mécanisme de coupe d'une faux.

Comment et pourquoi une faux coupe t'elle ? Il est assez difficile de répondre à cette question.

S'agit-il d'un outil de percussion lancé comme le dit André Leroy-Gouhran[8] ? Nous pensons que cette définition est trop réductrice. La faux avec sa coupe latérale ne peut être assimilée à un outil à coupe frontale donc à percussion lancée. Même dans ce dernier cas, le maniement de l'outil par l'homme, grâce à la forme du manche notamment (voir l'outil appelé Gorbuscha), influe de manière décisive sur son utilisation.

On se rappellera qu'en première partie dans le chapitre concernant la classification des faux il a été fait une hypothèse sur le mode de coupe qui pourrait en expliquer le fonctionnement. Nous rappelons qu'en **Annexe C1** il a été montré que l'entaille faite par la lame peut être soit superficielle, dans ce cas on est en présence d'une **coupe frontale** sous choc qui demande beaucoup d'effort, soit être profonde par découpe, ce sera la **coupe latérale** avec choc, qui nécessite un effort moindre. C'est celle de la « vraie faux ». Il existe aussi d'autre facteur tel la vitesse d'impact de la lame qui n'ont été ici qu'esquissé.

L'analyse microscopique de la partie tranchante d'une lame montre que la ligne de coupe est constituée de fines aspérités qui, en se déplaçant latéralement, doivent faire une entaille sur le produit. Toutefois, l'état de cette micro denture conditionne le fauchage. L'affûtage à la pierre et le martelage à l'enclume consistent à remettre en état cette micro denture lorsqu'elle est émoussée. *(voir page 7)*

Ce martelage remonte très loin dans le temps car on le retrouve au moins dès l'époque de la Tène.

Le mode de coupe n'est cependant qu'un élément de fonctionnement d'une faux, la lame suit une trajectoire qui est liée au manche et à sa manoeuvre par le faucheur. Il faut donc faire une étude cinématique.

1.2.2.) Etude cinématique du fonctionnement des faux du XX° siècle.

L'étude cinématique qui va suivre sera basée sur les faux classiques du XX° siècle. Un examen réalisé par caméscope a permis de retrouver le schéma général de fonctionnement d'une faux. Il s'agit, bien entendu, d'une modélisation cinématique permettant, grâce à une certaine simplification, de pouvoir étudier les différents paramètres de fonctionnement. Pour ne pas encombrer le lecteur on trouvera en **Annexe R1** une étude complète de cette modélisation et le rôle des différents paramètres retenus.

1.2.2.1.) Pourquoi s'intéresser au débit d'une faux et comment le mesurer.

Toutes les faux découvertes par les archéologues, jusqu'aux faux contemporaines, ont un point commun : la faux est manœuvrée par un homme par l'intermédiaire d'un manche. Quelles que soient les caractéristiques des faux, c'est la capacité musculaire du faucheur qui est en cause. Il n'y a pas uniquement de grandes faux et de petites faux, mais il y a un faucheur qui commande l'instrument. On est donc limité par sa capacité. Il y a certes des variations imputables à la corpulence, au rythme de travail, à la nature du produit à faucher, mais tout se ramène finalement à la capacité de travail instantanée du faucheur.

Peut-on aller plus loin qu'une modélisation cinématique ? Il est vite apparu que la modélisation totale du débit de la faux n'est pas réalisable à ce jour. Nous n'avons pas de loi exacte de

---

[8] Leroy-Gourhan, *L'homme et la matière*, Paris, 1943, p. 58.

coupe mais uniquement que des hypothèses (**voir Annexe C1**) ; enfin la résistance du produit à la coupe dépend de sa nature (herbe, roseau, genêt, céréales).

Calculer le débit de la faux à chaque cycle de balancement du faucheur revient à connaître la surface balayée par la lame en m². Cette valeur devrait être sensiblement la même pour les faux de toute époque, à matériaux identiques.

1.2.2.2.) Quels sont les paramètres à prendre en compte et estimation du débit réel.

L'étude cinématique développée en **Annexe R1** montre que les principaux paramètres qui influent sur le débit d'une faux sont les suivants :

a) La longueur de la lame représentée par la longueur de la corde du taillant et son angle avec le manche. (Il ne suffit pas qu'une lame soit longue pour avoir un grand débit, il faut aussi tenir compte de l'angle qu'elle forme avec le manche). (Planche N°1, **Annexe R1**)

b) La longueur du manche. (voir Planche N° 2, 3, 4- **Annexe R1**)

-Estimation du débit d'une faux.

Comment avoir un aperçu des valeurs courantes à retenir ?

Une série de faux de longueurs et de formes différentes mais évidemment du XX° siècle a subi le test du débit théorique à partir du modèle cinématique retenu avec un manche à poignée de 1.5m. Le résultat obtenu donne des valeurs variant de 0.2 à 0.8m² par cycle de fauche mais, généralement la valeur se situe autour de **0.5m²**. C'est donc cette valeur qui a été retenue comme référence dans toute l'étude. ***C'est un postulat qui peut être remis en cause*** car il y a de nombreuses inconnues. La capacité physique des hommes était-elle la même dans les époques antérieures ? On peut aussi très bien imaginer que les hommes se relaient en équipe sur une même faux pour éviter la fatigue. La nature du produit à faucher influe inévitablement, et nous n'avons pu, à ce jour, obtenir des règles précises les concernant[9] .

1.3.) Peut-on faire une généralisation ?

Dans le calcul du débit nous avons pris une faux type du XX° siècle. Or, pour la période gallo-romaine les formes des faux retrouvées s'éloignent très sensiblement des formes des faux modernes. De plus, et c'est là un problème important, ces faux ne sont connues, pratiquement, que par leur lame en fer. Dans quelle mesure peut-on appliquer les résultats obtenus à partir des faux du XX° siècle aux faux gallo-romaines. Enfin, tout ce qui concerne le manche est totalement inconnu.

Quel est le mode de préhension, poignée, etc.

Quelles sont la longueur et la forme du manche ?

1.3.1) Les divers types de faux peuvent bénéficier d'une étude technique commune.

Quelles que soient la forme de la lame et celle du manche :

- L'axe de rotation se situe toujours au centre du corps du faucheur (**Annexe R1,** planche N°6).

-Le rayon de giration [10](**Annexe R1, planche N°6**) part toujours de l'axe du corps du faucheur et rejoint le début de la corde du taillant. C'est l'angle de cette corde du taillant avec le rayon de giration, pour une faux donnée, qui détermine son débit.

La position du faucheur par rapport au manche, sa prise en main et la forme elle-même de celui-ci modifient le rapport entre la longueur du manche et le rayon de giration (**Annexe R1,** planche N°6). Mais on peut avoir diverses formes de manche pour un même rayon de giration et donc, en définitive, pour le même débit. On en conclut qu'en se référant au rayon de giration et non plus au

[9] Steensberg A., *Man the manipulator*, Copenhague , 1986. D'après ses essais de reconstitution les surfaces moissonnées par unité de temps varient peu selon le type d'outil.

[10] Rappelons que le rayon de giration part de l'axe de rotation, c'est dire du faucheur, pour rejoindre le début du taillant de la faux. C'est à partir de cette entité que l'on calcule le débit d'une faux en déterminant l'anneau de coupe.

manche on peut garder un même schéma de réflexions pour tous les types de faux. La généralisation est donc permise mais, bien sûr, avec quelques réserves.

1.3.2.) Représentation des pièces et son intérêt.

Le débit d'une lame est sensiblement indépendant de sa forme, seul compte l'inclinaison de la corde du taillant avec le rayon de giration et sa longueur. L'effort à fournir est autre chose.

Les raisons qui ont poussé à adopter une forme de faux de préférence à une autre nous sont, pour l'instant, inconnues.

-Eléments de représentation.

Nous avons maintenant en notre possession les premiers éléments à prendre en compte pour le dessin d'une pièce, à savoir : **la longueur de la corde de la partie tranchante et l'angle de cette corde avec le début du manche basé sur la position du tenon de fixation de la faux**. On peut y ajouter, pour une étude plus fine, l'angle du taillant par rapport à cette corde à différents points caractéristiques de la lame.

-Le manche.

La forme et les caractéristiques du manche des faux anciennes nous sont totalement inconnues. La longueur peut varier, selon les formes de 1m à 1m.80. Nous serons dans ce domaine toujours dans l'incertitude. Il paraît possible, dans certain cas, de faire une approche de la réalité du manche en ajoutant des critères tel que l'équilibre de l'ensemble manche/faux. Cet ensemble, à défaut de poignées de préhension du manche, doit être "balancé", c'est-à-dire que le centre de gravité de l'ensemble doit passer à proximité du faucheur. On peut résumer la condition ainsi, le manche doit passer par le centre de gravité de la lame. L'autre critère retenu est le débit de la faux par cycle, il doit se situer aux environs de 0.50m^2 pour prendre en compte la capacité du faucheur.

Conclusion.

L'utilisation d'une modélisation cinématique des faux du XX° siècle a permis de mieux comprendre le fonctionnement des faux gallo-romaine.

Cette méthode a été utilisée dans le dépouillement du catalogue que l'on verra plus loin. Elle permet surtout une représentation des pièces sur des bases techniques sûres. Si toutes les incertitudes ne sont pas levées, il n'en reste pas moins que cette approche apporte une certaine satisfaction intellectuelle quant à l'appréhension de la faux gallo-romaine.

CHAPITRE 2

ETUDE DES PIECES DU CATALOGUE.

2.1.) Regroupement des outils en fonction de leurs caractéristiques.

Pour faciliter la lecture, les pièces issues du catalogue sont regroupées ci-après. Toutes les indications tant bibliographiques qu'archéologiques connues de nous sont mentionnées.

Sur le tableau **1a** sont indiquées toutes les grandes faux gallo-romaines.

Le tableau **1b** concerne les éléments de grandes faux et les toutes petites faux gallo-romaines.

Le tableau **1c** reprend les outils agricoles à lame et à manche dont un bon nombre sont antérieurs à l'époque romaine. Les faux à manche perpendiculaire fixé par une douille sont joints à la liste.

Tableau 1 a

Repère	Type	Lieu de découverte	Lieu de dépôt	Datation	Poids	Référence
1GF.rom	Grande faux courbe	Vannaire (21) près d Vix	Musée de Chatillon sur Seine (21)	Epoque romaine	1015gr faux assez oxydée, la pointe est incomplète	Villa gallo-romaine. Lieu dit St Auch Voir bulletin N° 10 *Sté archéologique du Châtillonais*
2GF.rom	Grande faux courbe	Vannaire (21) près d Vix	Musée de Chatillon sur Seine (21)	Epoque romaine	1250gr assez rouillée , mais forme générale est respectée.	Villa gallo-romaine. Lieu dit St Auch Voir bulletin N° 10 *Sté archéologique du Châtillonais*
3GF.rom	Grande faux courbe	Malain (21)	Musée de Dijon (21), N°.988-551	Epoque romaine	1200gr très oxydée et réparée	Découverte de Louis Roussel, responsable des fouilles de Malain
4GF.rom	Grande faux courbe	Inconnu	Musée de Dijon (21) N° 10675	Inconnue	1050gr très oxydée	Prise en compte car la forme générale est semblable à celle des faux gallo-romaines
5GF.rom	Grande faux courbe	Inconnu	Musée de Dijon (21) sans numéro	Inconnue	1110gr, oxydée	Prise en compte car la forme générale est semblable à celle des faux gallo-romaines
6GF.rom	Grande faux courbe	Inconnu	Chaumont (52)	Inconnue		Pièce issue d'un leg sans référence précise
7GF.rom	Grande faux courbe	Dans une tombe ave des ossements à Chamoson , VS, Suisse	Musée de Sion, VS, Suisse	Admise comme romaine mais sans preuve	Poids inconnu, mais faux en bon état avec une marque de forgeron.	François Wiblé, Vallis Poenina, *Le Valais à l'époque romaine*, Sion, 1998, p. 85.
8GF.rom	Grande faux courbe	Dans une tombe ave des ossements à Chamoson, VS, Suisse.	Musée National Suisse de Zurich. N° A-29511.	Admise comme romaine mais sans preuve	1400gr, faux en bon état avec une marque de forgeron.	François Wiblé, Vallis Poenina, *Le Valais à l'époque romaine*, Sion, 1998, p. 85.
9GF.rom	Grande faux courbe	Reinheim (Sarre, Allemegne)	Musée de Sarrebruck (Allemagne) N° Ar 2017	Epoque romaine	765gr bon état taux d'oxydation estimé10%	Dossier précis disparu à la guerre 39-45
10GF.rom	Très grande faux courbe	Auzainvillers (88)	Musée Lorrain Nancy (54) N° 95492	Epoque romaine	2045gr avec les renforts de réparation , assez oxydée mais forme générale intacte.	Chronique, *Journal Société Archéologie Lorraine*, 1877, p. 228-229. *Catalogue des Antiquités*, Wiener 1895 , N° 352.-CAG 88.
11GF.rom	Grande faux courbe	Incertain	Musée de Lons le Saunier (39) N° 4403	Classée comme romaine sans preuve	1960gr, peu oxydée (taux 15%), mais coupure au milieu de la lame	Faux déposée au Musée en 1818, proviendrait de la commune d'Arinthod et mentionnée dans l'*Annuaire du Jura* de 1852. Sur le registre il est indiqué Moirans (39)
12GF.rom	Grande faux courbe	Dans un gué de la Saône, près de Chalon-sur-Saone en 1855	Musée Denon Chalon-sur-Saone (71) N°. SA 512 A	Classé comme romain sans preuve	Très oxydée à l'origine, a subi une forte restauration	
13GF.rom	Grande faux courbe	Fouilles de Verjux (71)	Musée Denon Chalon sur Saone (71)	Gallo-romain, dans contexte II° siècle	Restauration douteuse pour la forme, inspirée de la ref. 12GF, poinçon de forgeron	*Etudes Historiques de Verdun sur Doubs (71)*, 38, 1991, p ; 56-58.
14 GF.rom	Grande faux courbe	Naintré, Vieux Poitiers (Vienne), dans un puits en 197	Musée de Chatelleraux(86)	Gallo-romain II° apr. J. C.	Seule la forme générale de la faux subsiste	Fouilles de Nantré, Péraudeau, 31, 1976.
15GF.rom	Très grande faux de forme particulière	Villa gallo-romaine de Haccourt-Froimont, prov.Liège, Belgique	Musée de Frémioul (4044 Belgique)	Epoque romaine	2050 gr assez oxydée, mais très bonne forme générale. Faux semblable au rep.16GF	F. Tromme et all., Villa gallo-romaine de Haccourt- Froimont, *Vie Archologique*, N°65, Namur,2006.
16GF.rom	Très grande faux de forme particulière	Villa gallo-romaine	Musée de Treignes (Belgique)	Epoque romaine	Très bonne forme générale lors de sa découverte. A mal subi sa restauration	Malvury C., Une villa gallo-romaine à Philippeville" Les Machenées » fouille 1989-90, *Corviniacum-Archéophil*, Philippeville, Belgique

Tableau 1b

Repère	Type	Lieu de découverte	Lieu de dépôt	Datation	Poids	Référence
1e.GF.rom	Elément de faux	Compiègne(60)	M.A. N. St Germain en Laye (78). N° 15888	Classé comme gallo-romain	630gr, la partie restante est assez oxydée	Forêt de Compiègne (60), fouille, de Roucy en 1871. *Catalogue S. Reinach* 273 p.278
2e.GF.rom	Elément de faux	Compiègne (60)	M.A. N. St Germain en Laye (78). N°29036.9	Classé comme gallo-romain	420gr, la partie restante est assez oxydée	Forêt de Compiègne (60), fouille, de Roucy en 1871 *Catalogue S. Reinach* 276 p.278
3e .GF.rom	Elément de faux	inconnu	Musée de Dijon(21) N° 10676	Inconnue	660gr très oxydée	Un élément de faux semblable aux faux gallo-romaines
4e.GF.rom	Elément de faux	Etalon (80170)	Etalon (80190) dépôt chez Mr. Hadengue	Epoque romaine	Assez oxydée	Vasselle F., Structures gallo-romaines à Etalon , Cahiers archéologiques de Picardie, 1974, p.103-113.
5e.GF.rom	Elément de faux	Site gallo-romain de La Bussière,Mancey(71240) près de Tournus	Vers(71240) dépôt chez Mr. Duriaud	Epoque romaine. II-III° apr. J.C.	430gr.Assez bon état. Avec poinçon et bague de fixation du manche	Vaussanvin H., *Découvertes archéologiques en Turnougeois*, 8,1980, p. 9-17
6.e.GF.rom	Elément de faux	Hettange-Grande (57	Musée de Thionville (57) N° Hg 87-06-21	Epoque romaine IV° siècle	440gr partie restante oxydée taux 20%	Archives de la DRAC. Rapport de fouille du site du Glieren à Hettange – Grande (57) en 1986-1987
1f.rom	Petite faux droite	Reinheim (Sarre , Allemagne).	Musée de Reinheim (Sarre, Allemagne) N°B1/007/003	Epoque romaine	250gr assez oxydée	Dossier précis disparu à la guerre 39-45
2f.rom	Très petite faux	Andilly-en-Bassigny (52)	Conservation de Hte Marne, Chaumont (52)	Pièce supposée romaine	175gr un peu oxydée	Ballet P., Le point sur les fouilles gallo-romaines d'Andilly en Bassigny, *Cahiers Ht-Marnais,* 108,1972.
3f.rom	Très petite faux	Fouille ancienne	Musée de Chaumont (52)	Classée comme gallo-romaine	100gr très oxydée.	Ballet P., *La Hte-Marne antique*, 1970, p. 324-324.
4f.rom	Petite faux	Etalon (80170)	Etalon (80190) dépôt chez Mr. Hadengue	Epoque romaine		Vasselle F., Structures gallo-romaines à Etalon , *Cahiers archéologiques de Picardie,* 1974, p.103-113.

Tableau 1c

Repère	Type	Lieu de découverte	Lieu de dépôt	Datation	Poids	Référence
1 F.dp	Faux à douille perpendiculaire	St-Michel, Haut Béarn (64)	Musée de Bayonne (64) N°D2000.001.0 017	Moyen Age	950gr. Bon état.	Blot J. , Les cromlechs de ,Sohandi, *Bulletin du Musée Basque*, Bayonne, 109, 1985, p. 113-131.
2 F.dp	Faux à douille perpendiculaire	Fort Harrouard (Eure et Loir), Abbé Philippe en 1929.	M.A.N. St Germain en Laye(78) repère75133	Fourchette Age du fer/500apr. J.C.	750gr. Un peu oxydée	Philippe J., Le fort Harrouard, *L'Anthropologie*, 46, 1936, p. 541-612, fig.42-2 et note 3 p. 583-585.
3 F.dp	Faux à douille perpendiculaire	Lit de la Saône.	Musée Greuze de Tournus (71). Rep. 82002-444	Classée sans preuve avec gallo-romain	660gr assez bon état	
4 F.dp	Faux à fixation perpendiculaire à la lame	Muizen près de Malines, Belgique	En dépôt chez Mr Jean Croles, Malines, Belgique.	Dans un puits avec objets romains	480gr. Assez bon état	Vandenberghe St.,Een gallo-romeinse Waterput te Muizen bij Mechelen, *Archaeologica Belgica,* 247, 1981, p ; 75-78.
5 F.dp	Faux à fixation perpendiculaire à la lame	Pommeroeul ,Belgique	Chez un particulier	Sans preuve	Inconnu	Henning J., *Acta Archaéologica Lovaniensa*, 30, 1991, ab. 5. Les repères 4F.dp et 5 F.dp ont des formes semblables.
1 Oc.a.sy	Outil agricole de forme courbe	La Tène près de Neufchatel, Suisse	Musée de Bienne, Suisse. N° 3090	La Tène LTC1-LTC2	Inconnu	Vouga P., *La Tène, monographie de la station*, Leipzig, 1923.
2 Oc.a.sy	Outil agricole courbe	Acy-Romance (08)	Musée de Charleville (08) N° ARW2/208	La Tène D1A	440 gr Taux oxydation estimée 10%	Lambot B. et Méniel P., *Habitat gaulois d'Arcy sur Romance*, Cravo, Compiègne, 1993, p. 121.
3 Oc.a.sy	Outil agricole courbe	Pommeroeul, Belgique	Musée de Pommeroeul, Belgique. N° cat. 282	La Tène	Inconnu	Hubert F., Site portuaire de Pommeroeul, *Archaeologica Belgica*, 248, Bruxelles, 1982.
4 Oc.a.sy	Petit outil agricole courbe forme de croissant	Colline Ste Blandine,Vienne (69)	Musée de Vienne (69)	Classé comme d'époque romaine	Inconnu	
1 Oc.a.dis	Outil agricole de forme courbe	La Tène près de Neufchatel, Suisse	Musée de Bienne, Suisse	La Tène LTC1-LTC2	Inconnu	Vouga P., *La Tène, monographie de la station*, Leipzig, 1923.
2 Oc.a.dis	Petit outil agricole de forme courbe	Alluvions le la Seine , lieu dit " Les Vachettes"à Troyes (10)	Musée de Troyes (10)	avec mobilier Tène finale	290gr Assez bon état	Référence du Musée de Troyes, Hourseau, 1994.
3 Oc.a.dis	Outil agricole courbe en forme de croissant.	Saumeray (28)	inconnu	La Tène II-I° av. J.C.	inconnu	D'après les indications de Thierry Lejars, CNRS UMR 8546
4 Oc.a.dis	Outil agricole courbe en forme de croissant.	Saumeray (28)	inconnu	La Tène II-I° av. J.C.	inconnu	D'après les indications de Thierry Lejars, CNRS UMR 8546
5.Oc.a .dis	Outil agricole à lame légèrement courbe	Malain (21)	Dépôt de fouille de Malain (21)	III° siècle apr. J. C.	535 gr Taux oxydation estimée 40%	Découverte des fouilles de Malain. *Louis Roussel. Mediolanum, Musée Archéologique de Dijon*, 1988, ref.. 638

2.2.) Classement des grandes faux regroupées par leurs caractéristiques dimensionnelles.

•

Dans le cadre de cette recherche, une classification générale des grandes faux selon leur forme n'a pas été effectuée, car dans la Gaule romaine les types de faux découverts ne sont pas d'une très grande diversité, ce qui n'est pas le cas des pays à l'Est du Rhin. Toutefois, après relevé des dimensions elles ont été réparties en quatre groupes présentant une certaine similitude.

2.2.1.) Le Tableau 2 est issu de la lecture des dessins techniques, il mentionne toutes les indications, d'angle, de flèche, qui ont été jugées nécessaires à l'étude.

Tableau 2

Caractéristiques techniques de l'ensemble des faux.

Repère faux	Angle du tenon de fixation du manche avec la corde du taillant	Angle du tenon de fixation du manche avec le taillant à son origine	Type de renfort	Longueur corde du taillant en mm	Flèche du taillant en mm	Rapport flèche/ corde du taillant
1GF.rom (Chatillon-sur-Seine 1)	60° (maxi supposé)	165°	nervures doubles et épaisses (sur le premier tiers)	Longueur reconstituée 980	185 ?	0.19
2 GF.rom (Chatillon-sur-Seine 2)	60° (maxi supposé)	145°	nervures doubles et épaisses (sur le premier tiers)	1070	230	021
3 GF.rom (Malain 2)	68°	125°	Simple nervure épaisse	930	150	0.16
4 GF.rom (Dijon 1)	82°	145°	Nervure simple et haute 15x8	890 (960 ?)	180	0.19
5 GF.rom (Dijon 2)	67°	145°	Nervure simple et haute 14x 7	1060	175	0.165
6 G F.rom Chaumont	65°	160°	Nervures doubles sur 1/3	~790	185	0.234
7 G F.rom Chamoson 1	60°	155°	Nervures sur les 2/3	1000	235	0.235
8 G F.rom Chamoson 2	56	155°	Nervures sur les 2/3	974	200	0.205
9 G F.rom (Reinheim 1)	62°	145°	Nervure moyenne 8x5	850	170	0.2
10 G F.rom (Auzainvillers 88)	35°	120°	Nervures doubles et épaisses	1340	190	0.14
11 GF.rom (Lons le Saunier)	56°	164°	Simple nervure épaisse	900	120	0.13
12G F.rom (Draguage de Saône 71)	55°	160°	nervures doubles et épaisses (sur le premier tiers)	1025	240	0.24
Rep : 13 G F.rom (Verjux, Denon 71)	60°	155°	nervures doubles et épaisses (sur le premier tiers)	980	215	0.22
14 G F.rom (Chatellerault)	85°	95°	Plus de trace visible	840	200	0.24
15 G F.rom (Froidmont, Belgique)	18°	90°	Petite nervure de renforcement	1500	370?	0.24
16 G F.rom Philippeville (Belgique)	10°	100°	Petite nervure de renforcement	1490	350	0.235

2.2.2.) Classement des grandes faux entières.

Faux regroupées par similitudes.

Les grandes faux gallo-romaines ont été regroupées en fonction de caractéristiques dimensionnelles issues des dessins techniques.

Type I

Repère faux	Angle du tenon de fixation du manche avec la corde du taillant	Angle du tenon de fixation du manche avec le taillant à son origine	Longueur de la corde du taillant en mm	Flèche du taillant en mm
1GF.rom (Chatillon-sur-Seine 1)	60°	165°	980	185
2 GF.rom (Chatillon-sur-Seine 2)	60°	145°	1070	230
3 GF.rom (Malain 2)	68°	125°	930	150
5 GF.rom (Dijon 2)	67°	145°	1060	175
6 G F.rom Chaumont	65°	160°	~800	185
7 G F.rom Chamoson 1	60°	165°	1000	235
8 G F.rom Chamoson 2	56°	155°	974	200
9 G F.rom (Reinheim 1)	62°	145°	850	170
12G F.rom (Draguage de la Saône (71))	55°	160°	1025	240
13 G F.rom (Verjux, Denon 71)	60°	155°	980	215

Type II

Repère faux	Angle du tenon de fixation du manche avec la corde du taillant	Angle du tenon de fixation du manche avec le taillant à son origine	Longueur de la corde du taillant en mm	Flèche du taillant en mm
4 GF.rom (Dijon 1)	82°	145° ?(taillant reconstitué)	960 ?	160 ?
14 G F.rom (Chatellerault)	85°	95°	840	200

Type III

Repère faux	Angle du tenon de fixation du manche avec la corde du taillant	Angle du tenon de fixation du manche avec le taillant à son origine	Longueur de la corde du taillant en mm	Flèche du taillant en mm
10 G F.rom (Auzainvillers 88)	35°	120°	au moins1340 (pièce incomplète)	au moins 190

Type IV

Repère faux	Angle du tenon de fixation du manche avec la corde du taillant	Angle du tenon de fixation du manche avec le taillant à son origine	Longueur de la corde du taillant en mm	Flèche du taillant en mm
15 G F.rom (Froidmont, Belgique)	~10°	90°	1500(reconstituée)	370 (reconstituée)
16 G F.rom Philippeville (Belgique)	10°	100°	1490	350

2.3.) Etudes des types de grandes faux retenus.

- Faux de type I

Les faux du type I sont des faux ayant des caractéristiques dimensionnelles semblables, en prenant en compte la précision de notre mesure et de celle du forgeron. L'angle du tenon de fixation du manche avec la corde du taillant se situe aux alentours de 60°. La direction du taillant vers l'arrière du tenon a un angle compris entre 125 et 165°, le plus courant se situe entre 145 et 165°.

Ce type de faux dont 10 exemplaires ont été découverts peut faire l'objet d'une étude unique. Sur deux faux de ce type (8GF.rom et 9GF.rom), et sur un élément de grande faux (5 e.GF.rom) il a été trouvé une patte de fixation de l'extrémité du manche sur le corps de la lame.

Enfin trois lames ont une estampille de forgeron.

-Faux de type II

Ces faux se différentient des précédentes par un angle plus important du tenon de fixation du manche et de la corde du taillant (85° au lieu de 65°). Bien que la création d'un groupe particulier pour ces faux soit discutable, on peut penser que la forme du manche devait être différente et peut-être même leur emploi.

-Faux de type III

La faux 10 GF.rom d'Auzainvilliers (88) a une forme particulière qui n'est pas sans ressembler à certaines faux d'époque romaine découvertes en Angleterre et mentionnées par S. E. Rees.[11] L'angle du tenon de fixation du manche avec la corde du taillant est faible, de l'ordre de 35°.

Un élément de faux 4 e.GF.rom (III° siècle apr. J.C.) d'Etalon dans la Somme correspond à une partie importante de cette sorte de faux.

Les caractéristiques particulières de ces faux seront donc examinées.

-Faux de type IV

Les deux faux 15 et 16 GF.rom ont été découvertes en Belgique ; leur forme et l'angle du tenon de fixation du manche avec la corde du taillant les différentie totalement des autres faux.

La faux de Froidmont : 15GF.rom (Belgique) (III° siècle apr. J. C.), très fragile a été déformée au cours de sa manipulation. Une autre faux, malheureusement en morceaux, a été reconstituée.

La faux de Philippeville : 16 GF.rom avait, elle, une forme intacte lors de sa découverte et a donc été retenue comme référence.

Ces deux faux originales sont très semblables : l' angle du tenon de fixation du manche avec la corde du taillant de 10 et 18°, ce qui est très faible. Le taillant, à son origine, est presque perpendiculaire au tenon avec un angle de 90 et 100°.

La question qui vient immédiatement à l'esprit est comment ce type de faux est il manœuvré ? Cela fera donc l'objet d'une étude particulière.

2.4.) Etudes générales des faux et outils agricoles de coupe à lame et à manche.

2.4.1.) Etudes et hypothèses de fonctionnement des grandes faux entières gallo-romaines.

Seront ici examinées les particularités des types I, III et IV retenus. A partir d'une étude technique appropriée, il s'agit de retrouver leur mode de fonctionnement avec des formes de manche possibles. Bien entendu, on ne peut parler que d'hypothèses, car on ne saura jamais la forme exacte des manches sauf si on en trouve comme sur le site de La Tène en Suisse et au Danemark [12]. Pour

---

[11] Note: Cette question sera examinée plus loin dans l'étude des faux de (Gde) Bretagne.

[12] Steensberg A., *op. cit.*, p. 108, fig. 39.

expliciter le propos il s'avère impossible de fixer la forme du manche d'une faux du XVIII° au XX° siècle à partir de la seule lame. Les diverses utilisations, les habitudes locales montrent une très grande diversité de manches à partir de lames à priori peu différentes. C'est un peu, toute proportion gardée, comme avec les pièces métalliques d'instruments aratoires[13] ; la forme de l'araire correspondant aux parties métalliques est, sauf cas particulier, pleine d'incertitudes.

Quoiqu'il en soit, les formes possibles de manche doivent être compatibles avec les contraintes techniques connues. La démarche faite est avant tout un élément de réflexion qui aide à mieux comprendre ces faux.

2.4.1.1.) Les faux de type I.

Ce sont les faux retrouvées en plus grand nombre et l'examen d'une seule faux a semblé représentatif.

Cette faux, comme il est montré en **Annexe R2,** Planche N°8, peut être manœuvrée par des types de manches différents. Nous avons retenu pour examen deux types principaux ; un manche droit dans le prolongement du tenon de fixation de la faux et un manche coudé. Pour plus de facilité d'examen il a été admis que le manche et la lame étaient dans le même plan.

Rappelons que ces faux de ce type I ont des poids de l'ordre de 1/1.5kg (trouvé sur les faux en bon état) à comparer au faux actuelle de 0.5/0.6kg. Dans le premier cas d'étude étant donné le poids de l'outil et le porte à faux de la masse totale par rapport à l'axe du faucheur, cela impliquerait des poignées de préhension comme sur les faux contemporaines.

Dans le second cas, l'ensemble faux/manche est équilibré, la prise en main semble plus facile. Notre préférence penche vers cette solution car les représentations des saisons de la Porte Mars de Reims, surtout celle qui est reconnue par Stern[14] nous semble être la meilleure réplique.

2.4.1.2.) Les faux de type III.

Ces faux diffèrent de la majorité des faux découvertes en Gaule par leur longueur et leur forme Mais on retrouve du même type en Grande Bretagne. Elles ont été particulièrement étudiées par Anstee[15]. Il a dessiné un manche de forme spéciale avec poignées de préhension et a fait des essais concluants, semble-t-il.

En **Annexe R2,** Planche N°9, un examen des possibilités de coupe a été effectué. Pour une faux aussi lourde (plus de 2kg) représentée dans notre catalogue par un exemplaire entier (10 GF.rom), il n'a été envisagé qu'une possibilité : afin de rapprocher le plus possible l'axe du faucheur du centre de gravité de l'ensemble faux/manche, le manche doit faire un angle avec le tenon de fixation. Anstee dans son expérimentation a ajouté des poignées pour faciliter l'équilibre et, de plus, il a coudé le manche dans le sens vertical pour que la lame de faux soit parallèle au sol. C'est une hypothèse parmi d'autres, basée sur l'utilisation contemporaine des faux.

2.4.1.3.) Les faux de type IV.

La forme particulière en demi-cercle de ces faux pose, on s'en doute, un problème. Comment peut-on travailler avec une faux aussi ronde et un angle du tenon de fixation du manche avec la corde du taillant aussi faible ? On ne peut donner un avis quelconque sans une étude cinématique.

Ces faux pourraient être manœuvrées de deux façons, comme le montrent les dessins en **Annexe R2,** Planche N° 10.

La disposition et la forme du manche qui a notre préférence sont celles de la faux fermée. Cette appellation de faux « fermée » est issue du travail de recherche de Pascal

Régniez[16] ; il mentionne des représentations de faux à manche très court et de forme particulière (voir **Annexe R2,** Planche N° 10) à l'époque du Moyen Âge. Mais, jusqu'à présent aucune

[13] Marbach A., *RACF*, 45-46, 2007.
[14] Stern H., *op. cit.*, p. 1114-1115.
[15] Anstee J., *Scythe(replica of roman scythe)*, make by J. W. Anstee, Museum of English Rural Life, Reading.
[16] Reigniez Pascal, *L'outillage agricole au Moyen Âge*, Paris, Errance, p. 231.

découverte n'avait pu corroborer ce type de faux. Il nous semble que ces faux de type IV, pourraient très bien correspondre à des faux « fermées », mais bien sûr ceci n'est qu'une hypothèse.

2.4.2.) Examen des éléments de faux.

L'intérêt de prendre en compte des éléments de faux est assez limité, car des parties essentielles manquent pour pouvoir affirmer avec certitude à quel type de faux ces éléments appartiennent.

Nous n'avons donc retenu que quelques pièces, soit parce que la classification paraissait facile, soit parce qu'il apparaissait que ces éléments de faux ne rentraient manifestement pas dans les groupes de faux reconnus.

Eléments retenus

Repère	Classement
1 e.GF.rom	indéterminé
2 e.GF.rom	indéterminé
3 e.GF.rom	Type 1
4 e.GF.rom	Type III
5 e.GF.rom	Type 1
6 e.GF.rom	indéterminé

-Examen

-Les deux éléments de grandes faux 3 e.GF.rom et 5 e.GF.rom sont à classer avec les faux de type I, grâce à la superposition des dessins des faux entières de ce type.

-La pièce 4 e.GF.rom est à classer dans les faux de type III après superposition du dessin de la faux entière de ce type.

-Les pièces 2 e.GF.rom et 6 e.GF.rom sont des éléments qui proviennent de faux de type identique, mais dont on n'a retrouvé aucun pièce entière. C'est pourquoi ces éléments n'ont pas pu être classés.

-La pièce 1 e.GF.rom ressemble un peu aux éléments précédents (2e.GF.rom et 6e.GF.rom) mais la courbure du taillant semble plus petite. Elle est également inclassable

Toutefois ces éléments de faux inclassables permettent d'affirmer que d'autres types de faux que ceux retenus existaient. Un examen superficiel, le seul possible, tendrait à montrer que ces faux s'écartent sensiblement du modèle le plus courant. En effet l'angle du taillant à son origine avec le tenon de fixation est assez droit, ce qui les rapprocherait des faux contemporaines. Il est aventureux d'aller plus loin.

2.4.3.) Les petites faux.

Comme cela été dit précédemment, ces petites faux ont quelques points communs ce qui a incité à les regrouper. Elles sont généralement en bon état.

Malheureusement il nous est difficile d'en dire plus et nous laissons à d'autres chercheurs cette possibilité.

2.4.4.) Faux à douille perpendiculaire.

Les faux à douille sont assez courantes en ethnologie ; un exemplaire est reproduit dans l'Encyclopédie de Diderot et au XIX °siècle on en trouve dans les publications. Rappelons que la faux représentée sur la stèle de Vesoul d'époque romaine est une faux à douille.

Toutefois ici la particularité vient du fait que la douille est pratiquement perpendiculaire à la lame. Si on retient cette représentation comme celle d'une faux, il en découle nécessairement que leur manche est tenu contre le corps avec une poignée perpendiculaire pour une prise en main assez basse afin de bien diriger l'outil. La lame est généralement très robuste et assez courte. La faux représentée sur la mosaïque de Tournus du XII° pourrait être aussi une faux de ce type ; malheureusement, la mosaïque indique mal la position de la lame par rapport au manche.

Fig. 8 : Mosaïque de Tournus.(photo personnelle)

Après examen, seules deux de ces faux (1 F.dp et 2 F.dp) ont une datation sûre.

-La pièce 1 F.dp a été datée à l'Université de Bordeaux grâce au mobilier d'accompagnement d'un site funéraire inclus dans la découverte. La datation prise en compte est de 1150, avec une certaine fourchette de dispersion liée à la méthode de thermoluminescence utilisée, mais de toute façon hors de l'époque romaine. Des tumulus voisins donnent par la même méthode de datation 950 et 1100 avec dispersion de 50ans. La lecture détaillée de l'étude montre tout le sérieux de la recherche, et l'on peut conclure que cette pièce est donc datée du début du Moyen Âge.

-La pièce 2 F.dp provient d'une découverte ancienne (en 1936 par l'abbé Philippe[17]) de Fort Harrouard (Eure et Loire), sur un site occupé très longtemps (néolithique au V° siècle) et il est en dépôt au MAN. La fourchette de datation possible pour ce qui nous concerne est assez large (du 2° âge du fer au V° siècle).

-La pièce 4 F.dp pourrait être admis comme étant de l'époque romaine mais avec réserve. (la découverte est faite dans un puits avec des objets romains).

-La pièce 5 F.dp est assez semblable à 4 F.dp mais les bouleversements du sol sur le lieu de découverte ne permettent pas de garantir une datation.

-Réflexions sur l'utilisation possible de ce type de faux.

La pièce 1 F.dp pourrait fournir quelques indices d'emploi. La faux ou l'outil dont la datation et les coordonnées sont les plus sûres, a été trouvé entre 903 et 914 m d'altitude sur un dôme montagneux propice à l'élevage au milieu de « baraques » (bergeries de moutons ou étables d'été pour ruminants) à proximité de la Frontière espagnole. Il n'y a que des torrents à proximité. Il ne peut donc s'agir que de coupe d'herbe ou de ronce ?[18] On sait que la coupe des fougères pour litières dans cette région des Pyrénées appelée « Pays Basque » était encore assez courante il y a quelques dizaines d'années. Dans ce pays de montagne avec sol pauvre et humide, la fougère qui poussait presque naturellement, était rassemblée après la coupe en tas appelé « méta » et servait ensuite à la litière des bovins. La fougère n'était d'ailleurs pas la seule plante rustique utilisée.

[17] Philippe J., Le fort Harrouard, *L'Anthropologie,* 46, 1936, p. 541-612, fig.42-2 et note 3 p. 583-585.

[18] Blot J. , Les cromlechs de ,Sohandi, *Bulletin du Musée Basque*, Bayonne, 109, 1985, p. 113-131.

- Cas de l'Estonie.

Le fauchage de fougères et de hautes herbes rustiques existait encore en Estonie en 2005[19]. L'allure générale de l'outil de fauche est assez semblable à la faux de Basse Navarre, le manche est métallique et la lame à douille est sensiblement perpendiculaire au manche. La lame ne travaille pas au ras du sol, ce qui ne surprend pas étant donné la forme ovoïde de la section de ce type de lame. Le manche étant tenu assez près du corps, le rayon de rotation de l'outil est donc faible.

En conclusion.

On peut penser que cet outil, étant donné sa robustesse, devait être utilisé, comme à l'époque contemporaine, pour couper la fougère ou autres herbes rustiques pour la litière des élevages. C'est en tout cas l'hypothèse que nous retiendrons.

2.4.5.) Examen des outils agricoles de coupe (perpendiculaire) à lame et à manche.

Pourquoi cette appellation « outil agricole de coupe à lame et à manche » ? Ces outils dont certains ressemblent à première vue à des faux, sont des outils de coupe par frappe frontale ou perpendiculaire manœuvrés grâce à un manche. Richard Pohanka [20] et la littérature allemande parlent pour ce type d'outil de « Hausense » (littéralement : faux de frappe). Malheureusement ce terme prête un peu à confusion car il recouvre également dans la littérature allemande les faux de type « Gorbuscha » de Carélie du XX° siècle qui coupent alternativement dans un sens puis dans l'autre. Ces faux « Gorbuscha » ont de ce fait obligatoirement une lame à section symétrique. L'habitude a été prise en France d'appeler dans le langage courant « faux » des outils dont la coupe est latérale ou tangentielle.

Ces outils agricoles de coupe perpendiculaire à lame et à manche ont généralement un manche court, de l'ordre du mètre, utilisé à deux mains. Sur le site de La Tène des lames avec leur manche ont été retrouvés et ces outils sont donc bien identifiés.

Le commentaire ci après montre l'intérêt de la séparation entre lame symétrique et non symétrique déjà évoqué antérieurement.

Nous rappelons donc qu'il existait au Danemark à l'âge du fer nordique, d'après Axel Steensberg[21], des outils de ce type avec un manche coudé en forme de genou. Cette forme de manche implique une lame permettant de travailler alternativement dans les deux sens d'où une lame de section symétrique. C'est une condition nécessaire mais pas une condition suffisante, et pour des raisons qui ne nous apparaissent pas clairement ces lames à profil symétrique peuvent, sans difficulté, avoir une utilisation « univoque ». C'est donc une frontière qui peut être virtuelle, voilà pourquoi des outils à taillant symétrique sont retenus sans que pour cela on soit sûr de leur utilisation.

On aurait donc un échelon de classification supplémentaire :
- Travail alterné dans les deux sens.
- Travail dans un sens.

Mais il est difficile de les classer à partir de cette définition, la forme du manche étant inconnue, et cela sortirait du cadre de cette étude.

Nous rappelons ici la classification retenue
-Les outils agricoles à lame et à manche ont été divisés uniquement en deux groupes :
    -Les outils à lame de section symétrique.
    -Les outils à lame de section dissymétrique.
-Ce sont dans les deux cas des *outils de coupe frontale.*

Ces outils correspondent généralement à l'âge du fer, mais on en trouve encore à l'époque gallo-romaine[22]. D'ailleurs on est en droit de penser qu'ils n'ont jamais totalement disparu, puisqu'on

[19] Vidéo du faucheur et de son outil en notre possession.
[20] Pohanka R., *op. cit.*. p. 154.
[21] Steensberg A., *Ancient Harvesting Implements*, Copenhague, 1943, p.39, fig. 38.
[22] Pohanka R., *op. cit.*, tab. 30.

en retrouve sous des formes diverses à l'époque contemporaine pour différents travaux. De nombreuses études ont été faites sur l'utilisation de ces outils à lame de coupe « perpendiculaire » et à manche. Parmi les essais effectués avec des répliques de cet outil on peut citer surtout ceux d'Alex Steennsberg [23] et de Magdalena Beranova[24] qui on fait des études complètes.

La coupure avec la vraie faux est apparue dans le Norique [25]sensiblement au tout début de l'ère chrétienne et, de l'avis général, la vraie faux s'est ensuite répandue sous l'influence Celte, donc par l'Est de la Gaule.

Conclusion générale sur l'étude des pièces du catalogue.

L'étude des pièces entières présentées dans le catalogue a permis de retrouver seize grandes faux entières d'époque gallo-romaine ainsi que six éléments de grandes faux identifiables.

Les grandes faux entières et les éléments de grandes faux sont tous datés au plus tôt du tout début du II° siècle ap. J.-C.. Mais seulement 14 pièces sur 22 (avec les éléments de faux) sont reconnus comme ayant une datation gallo-romaine sûre.

Aucune grande faux n'a été découverte, pour l'instant, au Sud de Poitiers. Le Nord et l'Est de la Gaule semblent bien représentés.

Les grandes faux gallo-romaines sont sensiblement du même type, exceptée la faux de Auzainvilliers (88) (10GF.rom) et les deux faux quasi identiques (15 et 16 GF.rom) trouvées en territoire Belge qui se distinguent entièrement des faux courantes par leur forme.

Aucune faux courte et de faible courbure du taillant, du type de celle de la stèle du Musée de Vesoul, n'a été trouvée à ce jour en Gaule.

Les faux à douille perpendiculaire, dont la datation pose souvent problème, doivent correspondre à un usage particulier, pour lequel des hypothèses ont été faites.

Les petites lames de faux très courtes sont, à ce jour, sans vocation connue.

Enfin, différents types d'outil agricole de coupe (frontale) à lame et à manche ont été présentés. Leur étude générale sort du cadre de ce travail, mais néanmoins leur relevé se devait d'être fait, car leur utilisation a perduré de l'âge du fer jusqu'à l'époque gallo-romaine et même au delà.

---

[23] Steensberg A. , *op. cit.*, p. 24-26.

[24] Beranova M., The agricultural tools of Bohemia (the iron age), *Tools and Tillage*, Vol VI-2, Copenhague, 1989, p. 107-118.

[25] Cette question sera reprise et détaillée au chapitre suivant.

CHAPITRE 3

LES ETUDES ANTERIEURES SUR LES FAUX POUR LA PERIODE ROMAINE

ET

REFLEXIONS SUR L'EMPLOI DES GRANDES FAUX GALLO-ROMAINE

3.1.) Etudes antérieures sur les faux en (Gde)Bretagne, Gaule du Nord et Germanie, Europe du Sud-Est, Norique pour l'époque romaine.

-Les diverses appellations des outils de coupe agricole à lame.

Avant d'aborder les textes, il a semblé utile de préciser les noms donnés aux différents outils par chaque auteur.

Pour S. E. Rees l'appellation anglaise "short scythe" désigne les outils à coupe perpendiculaire ou frontale et "iron slashing tool" est également utilisé. Dans sa classification il ajoute la forme de croissant "short handled crescentic scythe". Pour les grandes faux de (Gde) Bretagne il parle de "Balanced Scythe", probablement influencé par les très grandes faux découvertes en Bretagne qui, presque obligatoirement, devaient avoir un manche adapté. (Voir **Annexe R3,** Planche N°11)

L'appellation correspondante allemande est "Hausense" pour les faux à coupe perpendiculaire de l'âge du fer et "Sense" pour les autres

Steensberg définit plus simplement pour l'âge du bronze "the angular Sickle", puis "Short Scythe" pour les outils à coupe perpendiculaire de l'âge du fer et "Long Scythe " pour les faux à coupe latérale ou transverval e

Les diverses appellations comme on le voit divergent et ne font souvent référence qu'à des formes et non à des fonctions liées au travail, sauf peut-être " Hausense ", littéralement faux de frappe.

3.1.1.) (Gde)Bretagne.

-S. E Rees.

L'étude exhaustive de S. E. Rees, portant sur l'ensemble de l'outillage agricole de la (Gde) Bretagne jusqu'à l'époque romaine incluse, a attiré toute notre attention. En ce qui concerne les faux de l'époque romaine, il y a malheureusement beaucoup d'éléments de faux mais les faux entières sont très rares. La classification réalisée est de ce fait assez limitée, mais les faux sont assez bien étudiées.

Il divise les faux en deux types :

- Le type 1 a un angle aigu entre la lame et le tenon de fixation du manche, ce type est à nouveau divisé en deux groupes selon la longueur de la lame. La fig. 236 ci jointe (voi**r Annexe R3,** planche11) illustre quatre grandes faux du (a, b, c, d) et une petite (e)

-Le type 2 le plus fréquemment rencontré a un angle obtus entre le tenon de fixation du manche et la lame, mais la très grande majorité des lames ne sont pas entières ce qui incite à la réserve. Cette classification, pour intéressante qu'elle soit, ne pourra pas être utilisée, car elle donne trop d'importance à la dimension (longueur de lame) et à la forme.

La figure 245 (**Annexe R3,** Planche 12) représente ce qu'il appelle des « iron tanged slashing tool », cela correspondrait, selon nous, à des outils agricoles de coupe perpendiculaire, à lame et à manche. Ces outils existaient, semble-t-il, couramment en Gaule et en Norique à l'époque de La Tène ce qui confirme que l'apparition des « vraies faux » n'a pas éliminé totalement les anciens outils, avec cette réserve que la datation n'est pas ici clairement indiquée.

La datation donnée pour les faux est de : fin I° siècle ap. J.- C. début II° pour les plus petites donc assez tôt après l'occupation romaine (46 ap. J.-C.) et du IV° siècle pour les plus grandes, mais certaines découvertes sont anciennes (1856) ce qui peut inciter à la réserve. S. E. Rees signale que les grandes faux ont totalement disparu après le IV° siècle. Sur la datation en général des pièces de cette étude, les lacunes et les imprécisions sont nombreuses et il faut rester très prudent dans les affirmations.

Les indications ont été reprises de son tableau[26]. Celui-ci donne un ensemble de 56 faux d'époque romaine avec leurs dimensions, mais la plupart sont des fragments et donc pas utilisables ici. Le tableau ci-après ne tient compte que des faux entières représentées, ce qui correspond à 11 faux seulement.

Tableau résumé des faux mentionnées par S. E. Rees.

Représentation	**Type selon classement S. E. Rees**	**Lieu de découverte**	**Lieu de dépôt**	**Référence de publication**	**Remarques**
Fig. 236c et Fig. 242	Type 1	Farmoor	Woodstock	Oxford Archaéological Unit	
Fig . 236a	Type 1	Greet Chesterford Essex	Museum Cambridge A et E	Neville 1856 White 1972	Lot de 12 faux 7 sont en bon état 1 seule figure Rep A, B, C, D, E, F, G
Fig. 236b	Type 1	Abington Pigott, Essex	Museum Cambridge	Applebaum, 1972, p.76	
Fig. 236d	Type 1	Harwick Oxon	Woodstock 76.94.1		
Fig. 236e et fig. 248e	Type 2	Newstead (Scotland)	Rep. NMAS FRA291		Les références NMAS FRA 288,289 et 290 ne sont pas représentées, mais le texte laisse à penser qu'elles sont semblables

Les faux précédemment citées ont été regroupées en fonction des caractéristiques de coupe.

Faux S.E. Rees	**Longueur utile de corde du taillant**	**Angle du tenon du manche et la corde en degrès**
Fig 236 rep. a	132cm	13
Fig 236 rep. b	132cm	21 (avec réserve)
Fig. 242	Faux imcomplète	
Fig 248 rep. e	77cm	53

La faux présentée dans la fig. 236 rep. a de Great Chesterford (en dépôt au musée de Cambridge) du VI° siècle présente de grande similitude avec la faux de Auzainvilliers (88) (10GF.rom) et a ait l'objet d'une étude séparée (**voir Annexe R3,** planche N°11). Cette bonne ressemblance dimensionnelle pourrait amener à envisager une utilisation identique. C'est avec cette faux que Anstee[27] a fait une étude de fonctionnement.

La faux de Farmoor fig 242 est une grande faux courbe, mais la forme de son taillant diffère très distinctement des autres faux. Malgré sa dimension, celui-ci est de faible courbure et ne débute pas comme les autres à partir du tenon de fixation et seulement sur la partie droite de la lame. Elle

[26] Rees S. E., *op. cit.*, p. 618, tab. XII.
[27] Anstee, *op. cit.*,

ressemble ainsi à des faux classiques de facture plus contemporaine. Elle présente une certaine similitude avec les faux N° 117, 118, 119 et 126 cités par Richard Pohanka[28] (**voir Annexe R3**, planche N°16)

Les faux de Newstead (fig. 236 et fig. 248 rep. e) sont des faux courtes de type plus moderne (longueur de corde et angle du taillant avec le tenon de fixation ~50°) représentées justement sur la stèle de Vesoul mais non trouvées en Gaule. L'utilisation d'un manche coudé comme représentée à Vesoul est vraisemblable.

3.1.2.) Le Sud-Est de l'Europe, la Gaule du Nord et les Germanies.

-J. Henning

Les recherches de J. Henning portent sur deux espaces géographiques différents, le Sud –Est de l'Europe et Les Germanie avec une partie de la Gaule.

3.1.2.1.) Le Sud –Est de l'Europe.

Il offre dans ses[29] études un apport important dans la prise en compte des outils du Sud – Est de l'Europe pour une période qui va de l'époque romaine à l'antiquité tardive. Malheureusement, seules ne pourront être retenues que les faux représentées en entier sans ambiguïté afin d'être utilisées dans un classement dimensionnel. Après sélection il ne reste qu'un nombre réduit de pièces, mais cela est lié aux incertitudes et à la qualité des représentations. L'examen des caractéristiques, habituel ici, sera donc réduit

Le tableau ci-après indique les pièces retenues.

Représentation J. Henning	**Lieu de découverte**	**Type de lame**	**Longueur de corde du taillant(en cm)**	**Angle du tenon /corde du taillant (en degrés)**	**Remarques**
Tafel 42, I1,N° 16	Zagorci	Lame courbe	60	85	Non daté, retenu pour examen
Tafel 43, I2, N° 6	Sibiu, Roumanie,	Faux courbe à taillant droit	45.2	103	Non daté, retenu pour examen.
Tafel 43, I2, N° 7	Stup près de Sarajevo, Villa romaine	Faux courbe à taillant droit	74.6	76	La longueur du taillant très douteuse. III°siècle
Tafel 43, I2, N° 11	Padavero, Bulgarie	Faux courbe à taillant droit	41	112	Non daté. Retenu seulement pour examen
Tafel 44, I6, N°3	Marculeni, Roumanie	Faux droite	48	60	Non daté. Retenu seulement pour examen
Tafel 44, I6, N°4	Povir, Slovénie, villa romaine	Faux droite	57	69	Fin IV° siècle
Tafel 44, I6, N°7	Fénekpuszta , Voszprèm, Hongrie.	Faux courbe à taillant courbe	82	48	Antiquité tardive IV°-VI°siècle
Tafel 44, I6, N°8	Pivko, Kranj, Slovénie.	Faux courbe à taillant courbe	82	45	Datation antique incertaine

[28] Pohanka R., *op. cit.*, p. 357-360. (voir tableau plus loin)

[29] Henning J., *Südosteuropa zwischen Antique und Mittelalter*, Berlin, 1987.

En résumé les datations sont souvent rares et incertaines, le plus généralement de l'antiquité tardive ; c'est à la limite de la période étudiée.

3.1.2.2.) Les Germanies et la Gaule du Nord.

Les études faites, portant sur la Gaule du Nord et sur les Germanies, ont été évoquées dans l'examen des sources bibliographiques.

La problématique générale est la continuité ou non entre L'Empire Romain et le Moyen Âge. De ce fait l'étude déborde notre période de recherche et des faux droites, presque modernes (tenon incliné par rapport à la lame), sont retrouvées Karkhove[30] issues du VI°. Sa classification est également différente pour la même raison (voir **Annexe 3,** planche N° 12).

Cependant la prise en compte d'éléments de faux, sans qu'on puisse avoir une idée claire de la faux complète, pose un problème de lecture d'autant que certains éléments de faux retenus sont quelquefois très petits et l'on ne sait pas précisément à quel type de faux ils appartiennent, sauf en faisant une hypothèse hasardeuse.

Cette question a déjà été soulevée précédemment dans l'étude des éléments de faux et il nous a paru plus judicieux soit de ne pas les garder, soit en cas d'incertitude de ne pas les classer. Enfin, peut-on vraiment classer des pièces, sans une vue complète par dessin même archéologique avec échelle de mesure ? Cependant ses études sont particulièrement intéressantes et nous en avons tiré grand profit. Les faux d'Oesterburken[31] sont en très bon état de conservation, leur dimension et leur forme (angle du tenon de fixation du manche avec la lame) font indiscutablement penser à des faux modernes. Peut-on, alors qu'il reste des doutes sur la datation, les intégrer dans les post-romaines ?

3.1.3.) Norique.

-Richard Pohanka.[32]

L'étude de Richard Pohanka a paru la plus intéressante et cela à plusieurs titres.

-Le plus important c'est évidemment l'espace géographique étudié, qui recouvre par chance pour l'étude, l'endroit où sont apparues les premières « vraies faux » en Europe. On se rappellera qu'il s'agit d'outils à coupe latérale dont la forme précise ne pouvait pas passer inaperçue dans la définition de l'outil, car la lame est pratiquement perpendiculaire au tenon de fixation.

-R. Pohanka a repris et dessiné toutes les faux et la classification retenue est complète (voir **Annexe R3,** Planche N° 13). Elle correspond à une certaine logique de déduction de forme successive mais ne repose sur aucun argument ni ethnologique ni technique. On peut bien sûr apporter quelques remarques qui se voudront constructives. Pour lui, à l'origine était l'outil qu'il appelle « Hausense » dont la traduction littérale française est « faux de frappe » ; c'est un instrument bien cerné par A. Steensberg qui, en fait, est un outil à coupe perpendiculaire ou frontale et cela dès l'époque du bronze. C'est l'apparition du mot « Sense » (faux) dans la nomination de l'outil qui est gênante, d'autant que l'outil de l'époque récente en Carélie appelée « Gorbuscha », un outil de frappe frontale ou perpendiculaire est souvent repris en allemand sous l'appellation « Hausense ». R. Pohanka reconnaît lui-même l'ambiguïté et essaie par le biais d'ajout d'adjectifs de corriger cet appellation.

Ceci étant dit il reprend donc tous les outils de son espace géographique qu'il appelle l'Autriche mais qui en fait recouvre essentiellement le Norique et une partie de la Pannonie. Ce sont des régions spécialisées dans la fabrication des outils en fer de grande réputation à l'époque romaine.

Le passage à la « vraie faux » (coupe latérale) y est presque inscrit dans la représentation des outils. En effet, aux lames courbes des outils de coupe par frappe perpendiculaire de l'époque de La Tène se substituent progressivement des outils de coupe latérale, que nous appelons faux. Ces faux authentiques ont des forme très diverses, qui ne sont pas apparus en Gaule à la même époque (voir

---

[30] Henning J., Fortleben und weiterentwicklung spätrömischer Agrargerätetraditionen in Nordgallien, *Acta Archaeologica Lovaniensia*, 30, 1991.

[31] Henning J., Zur Daturung von Werkzeug und Agrargerätefunden im germanischen Landnahmegebiet zwischen Rhein und oberer Danau (der Hortfund von Osterburken*), GBRHZ* , p.570-594.

[32] Pohanka R., *op. cit.*.

tableau 31, **Annexe R3,** planche 15). La grande faux gauloise n'y est pas vraiment représentée, sauf peut-être un exemplaire. Elles sont donc d'une très grande diversité de forme et peut-être de fonction, à la différence de celles de la Gaule.

Le catalogue reprend donc les « Hausense » connues dans ces régions avec dessin à l'échelle et références, puis apparaissent à la suite les premières « vraies faux » sur le plan didactique c'est particulièrement intéressant.

Tableau extrait des données de R. Pohanka[33].

Représentation Pohanka	Type selon Pohanka	Lieu de découverte	Lieu de dépot	Référence de publication	Datation	Pièce retenue
N° 113 Tafel 30	Outil de frappe (Hausense)	Bernharstal Niederösterreich	Heimatmuseum Bernharstal	H. Adler, Katalog NÖLM Wien,1977.	II°-III° siècle ap. J. C.	Pièce entière
N° 114 Tafel 30	Outil de frappe (Hausense)	Maiersch, Niederösterreich	Museum Stadt Horn	H. Adler, Katalog NÖLM Wien,1977.	Epoque impériale romaine	Pièce partielle
N°115 Tafel 31	Faux avec long manche	Bad Deutsch-Altenbourg Niederösterreich	MC Bad Deutsch-Altenbourg Inv. N°20241		Époque impériale romaine	Faux non entière
N° 116 Tafel 31	Faux avec long manche	Bad Deutsch-Altenbourg Niederösterreich legionlager	MC Bad Deutsch-Altenbourg Inv. N°18246	Zeitlinger J., Sensen, Taf. 8/8	Époque impériale romaine	Mesure possible
N° 117 Tafel 31	Faux avec long manche et lame droite	Gurina, im Gailtal,Kärnten	NHM Wien, Prähist. Abt Inv. N°10317a	Zeitlinger J., Sensen, Taf. 7/a	1°siècle après J.C.	Mesure possible
N° 118 Tafel 31	Faux avec long manche et lame droite	Gurina, im Gailtal,Kärnten	NHM Wien, Prähist. Abt Inv. N°10317b	Zeitlinger J., Sensen, Taf. 7/b	1°siècle après J.C.	Mesure possible
N° 119 Tafel 31	Faux avec long manche et lame droite	Gurina, im Gailtal,Kärnten	NHM Wien, Prähist. Abt Inv. N°10317b	Zeitlinger J., Sensen, Taf. 7/c	1°siècle ap. J.C.	Mesure possible
N°120 Tafel 32	Faux avec long manche	Schloss Stein in Mölltal, Kärnten	Actuellement inconnu	Zeitlinger J., Sensen, Taf. 9	1°siècle après J.C.	Mesure possible
N°121 Tafel 32	Faux avec long manche	Lienz, Osttirol	Osttiroler Heimatmuseum, Lienz, N°34/51		1°siècle après J.C.	Pièce non entière
N° 122 Tafel32	Faux avec long manche		VLM Bregenz. Inv. N°27		1°siècle après J.C.	Pièce non entière
N° 123 Tafel 32	Faux long manche et lame droite	Villa rustica Parndorf, Burgenland	BLM Eisenstadt	Saria B. BH 13, 1951.	finIII°-débutIV° siècle après J.C.	Mesure possible
N°124 Tafel 33	Faux long manche et lame droite	Bad Deutsch-Altenbourg Niederösterreich legionlager	MC Bad Deutsch-Altenbourg Inv. N°20240		Époque impériale romaine?	Pièce non entière
N° 125 Tafel 33	Faux long manche et lame droite	Bad Deutsch-Altenbourg Niederösterreich legionlager		RLÖ III , 1902, Sp 100	Époque impériale romaine	Mesure possible
N° 126 Tafel 33	Faux long manche et lame droite	Bad Deutsch-Altenbourg Niederösterreich	MC Bad Deutsch-Altenbourg Sans Inv. N°		Époque impériale romaine	Pièce non entière
N° 127 Tafel 33	Faux avec lame légèrement coudée	Grosswarasdorf, Burgenland	BLM Eisenstadt		Époque impériale romaine?	Mesure possible
N°128 Tafel 34	Faux avec lame de grande courbure	Pichling, Oberösterreich	OÖLM Linz Schlossmuseum Inv N°B 1609	Zeitlinger J., Sensen, Taf. 9	Époque impériale romaine	Mesure possible
N°129	Faux avec lame de grande courbure	Wels, Oberösterreich	OÖLM Linz Schlossmuseum Inv N°B 1657	Zeitlinger J., Sensen, Taf. 9	Époque impériale romaine	Non entière
N° 130 Tafel 34	Faux avec lame de grande courbure	Magdalensberg	MBM Magdalensberg	Mossler G. Werkzeug und Handwerk Fig. 29	1°siècle après J.C.	Pièce non entière
N° 131 Tafel 34	Faux à douille	Bad Deutsch-Altenbourg Niederösterreich legionlager	MC Bad Deutsch-Altenbourg Inv. N°20251		Époque impériale romaine	Fragment
N°132	Fragment de faux	Magdalensberg	Magdalensberg		1°siècle après J.C.	Fragment non représenté
N° 133 Tafel 34	Faux à broussailles	Enns, Oberösterreich Legionlager Lauricum	ML Senns Inv. N°RIII 285	Zeitlinger J., Sensen, Taf. 9	finIII°-débutIV° siècle après J.C.	Mesure possible

[33] Pohanka R., *op. cit.*, p. 357-360.

Tableau de synthèse des "vraies faux" entières.

N° catalogue R. Pohanka	Lieu de découverte	Longueur de la corde du taillant en cm	Angle tenon/corde (en degrès)	Datation
N°117	Gurina, im Gailtal,Kärnten	65	51	1°siècle après J.C.
N°118	Gurina, im Gailtal,Kärnten	67	52	1°siècle après J.C.
N° 119	Gurina, im Gailtal,Kärnten	59	58	1°siècle après J.C.
N° 120	Schloss Stein in Mölltal, Kärnten	53	57	1°siècle après J.C
N°123	Villa rustica Parndorf, Burgenland	57	66	1°siècle après J.C.
N° 125	Bad Deutsch-Altenbourg Niederösterreich legionlager	64	66	finIII°-débutIV° siècle après J.C.
N°127	Grosswarasdorf, Burgenland	71	23	Époque impériale romaine?
N°128	Pichling, Oberösterreich	80	35(45)	Époque impériale romaine

Les faux entières retenues pour le Norique montrent que celles-ci se différentient dès le I°siècle apr. J.- C. des outils de coupe agricole à lame et à manche de coupe frontale utilisés à l'époque de La Tène.

Même certaines grandes faux courbes (N°117, 118 et 119 de Gurina) comme déjà souligné dans la partie qui concerne la (Gde) Bretagne ont des caractéristiques presque modernes dans la forme générale du taillant.

Dans le tableau 30 (voir **Annexe R3,** Planche N°14) les repères 113 et 114 montrent que les faux à frappe perpendiculaire, comme celle de La Tène (Hausense), existaient encore à l'époque du II°-III° siècle apr. J.- C.. Les deux outils ont donc cohabité, mais avaient-ils le même emploi ?

Conclusion.

. L'examen des faux de (Gde) Bretagne a permis de retrouver un type de faux courte de faible courbure (en plusieurs exemplaires) dont l'existence n'a pu être prouvée à ce jour en Gaule (mais représenté sur le stèle de Vesoul)

La majorité des grandes faux est semblable à celle d'Auzainvilliers (88) (10GF.rom) et à l'élément de faux d'Etalon (60) (4 eGF.rom) [faux de type III]. Une exception toutefois doit être faite avec la grande faux de Farmoor (S. E. Rees fig. 242) qui présente une certaine ressemblance avec les faux N° 117, 118, 119 et 126 citées par Richard Pohanka. Elles ont un taillant assez long et de faible courbure, point commun en cela avec certaines faux plus contemporaines. Ce type de faux n'a pas été retrouvé à ce jour en Gaule et n'a donc pas été classé.

En Europe du Sud- Est les datations présentées sont rares et de toute façon elles concernent le plus souvent l'Antiquité tardive. Pour le Nord de la Gaule et les Germanies les indications pour l'époque romaine nous paraissent trop succinctes pour faire un classement.

Pour la Norique et la Pannonie, les « vraies faux » à coupe latérale sont bien présentes dès le premier siècle, ce qui n'exclut pas la présence d'outil à frappe frontale pour la période du II°-III° siècle. La cohabitation des deux types d'outils a donc duré longtemps.

On ne peut s'empêcher de retenir la similitude technique de certaines grandes faux malgré leur origine assez éloignée- Pannonie et (Gde) Bretagne,- Gaule et (Gde) Bretagne par exemple. L'unification de ces outils était peut-être plus importante que l'on puisse le penser à partir des seules découvertes archéologiques de la Gaule.

3.2.) L'emploi des faux.

3.2.1.) Etude critique des textes des auteurs latins et éléments de datation

Les textes de Columelle et surtout de Pline l'Ancien parlent de l'usage de la faux et des moissons. La Gaule dans ce domaine est mentionnée par Pline l'Ancien[34].

La question que l'on est en droit de se poser est : quelle époque était évoquée par les auteurs latins. Columelle étudie l'agriculture en 35 et se fixe à Rome en 42 où il publie la même année « *Re Rustica* ». Les informations agronomiques sont donc des années 35 à 42, fin du milieu I° siècle ap. J.C., il ne semble pas qu'il puisse connaître la "vraie faux". Pline l'Ancien lui a publié son *Histoire Naturelle* en 77 ap. J. C., il est retourné en Gaule en 74. Peut-on avoir une idée de la date de ses observations ? A ce jour aucune grande faux datée avant le début du II° siècle n'a été retrouvée en Gaule. D'après S.E. Rees[35] des exemplaires existent entre fin I°-début II°siècle (Newstead), mais la romanisation en (Gde) Bretagne n'a eu lieu qu'à partir de Claude dans la 2° partie du premier siècle (la conquête date de 43-47).

Il est donc fort possible que l'on attribue à Columelle et à Pline l'Ancien une opinion sur des outils et sur une méthode de travail qu'ils ne connaissaient pas encore

Bien sûr l'échantillon trouvé n'est pas forcément représentatif de l'ensemble des faux de cette époque, mais néanmoins on peut se poser la question. Pouvaient-ils avoir eu réellement connaissance des progrès faits dans l'utilisation de la faux en Gaule, d'autant que de l'avis général ces outils seraient venus en Gaule par l'Est via la Germanie et le Limes[36].

Axel Steensberg [37]s'était étonné de son coté que Pline l'Ancien ne parle pas clairement des grandes faux gallo-romaines dont on a quand même retrouvé un grand nombre. Henri Stern[38] qui reprend le point de vue de Steenberg pense que la faux de la Porte Mars de Reims n'est pas une vraie faux mais un outil intermédiaire[39] entre la faux de La Tène et la grande faux gauloise. Si l'examen du relief pose problème, l'idée est à retenir.

La faux avec un long manche citée par Columelle qui « *coupe le chaume au milieu* » pourrait être un outil de coupe type « La Tène » à coupe frontale. Celui-ci a effectivement un manche beaucoup plus long qu'un manche de faucille et il se tient à deux mains, mais cela reste un petit manche par rapport à celui des faux[40].

La coupe avec des outils à lame avec petit manche, bien connus de l'âge du fer, tenu a deux mains a été abondamment étudiée avec des répliques par Axel Steensberg[41] et en Bohème par Magdalena Beranova[42] Les résultats montrent que la coupe ne se fait pas vraiment au ras du sol et qu'elle épargne les petites herbes, ce qui pourrait répondre assez bien aux affirmations de Pline l'Ancien (« *elles coupent les herbes par le milieu et épargnent les trop petites* », ce qui est difficilement réalisable avec une « vraie faux »)

[34] Pline l'ancien, voir texte en introduction.
[35] Rees S. E., *op. cit.*, p. 476-477.
[36] Steensberg A., *op. cit.*, p. 212.
[37] Steensberg A . *op. cit.* p. 212.
[38] Stern H., *op. cit.*, p. 1444
[39] On rappellera ici le point de vue évoqué au Chapitre 1, le relief concerné n'a pas la fiabilité suffisante pour l'affirmer.
[40] C'est aussi le point de vue de Axel Steensberg.
[41] Steensberg A . op. cit. p
[42] Beranova M., <<The agricultural tools of Bohemia (iron age)>>, *Tools and Tillage*, 1989, Copenhague, p.107-117.

3.2.2.) Les premières faux droites de Norique.

Enfin, deuxième argument, la datation de l'apparition de ces premières « vraies faux " » est un sujet qui mérite qu'on s'y attarde en reprenant toutes les indications fournies.

Les premières « vraies faux » seraient apparues à Idria bei Baca, Gurina et au Magdalensberg en Norique.

Une tentative de vérification de la datation des premières « vraies faux » découvertes qui sont à l'origine de l'évolution de l'outil, a été faite. Rappelons tout d'abord la particularité de celles-ci : les lames des faux sont très coudées par rapport au manche, comme les faux modernes la coupe est latérale et non frontale comme pour les faux de La Tène. Ces faux se différentient donc nettement des outils à lame et à manche habituel de la fin de l'époque de la Tène et du début du I° siècle. (voir catalogue).[43]

Reprenons pour exemple les faux les plus connues de Gurina[44] (Carinthie actuelle) et de Idria près Baca (Slovénie actuelle), elles sont datées de l'an zéro (um Christi geborn). Les travaux, certes anciens, de Joseph Zeitlinger [45]corroborent cette datation. Depuis il est apparu que les faux de Gurina (centre commercial) ont été découvertes dans un temple dont la durée de vie est connue de 16 av. J.-C. 50 apr. J.-C. (lieu de vente ou d'offrande ?). Cette fourchette de datation est une incertitude supplémentaire, car elle déborde nettement sur le premier siècle

Le pays est montagneux et le sol relativement pauvre, mais il s'est avéré riche en fer et ce matériel est fourni pour la fabrication des armes en Pannonie, et au nord de l'Italie. Le célèbre acier "Norique" a été largement utilisé dans la fabrication des armes romaines ("Noricus ensis", Horace , *Odes* , I, 16. o). On peut aussi se demander si le Norique était uniquement un pays de fabrication des faux. S'il était aussi utilisateur, il ne peut s'agir que de coupe d'herbes et de foin car le pays avait une vocation d'élevage.

C'est un sujet important et il aurait été préférable, pour vérifier tous les éléments de datation des pièces, d'effectuer une étude particulière sur ce problème, car ces derniers temps les sites ont été l'objet de reprise de fouille. C'est une question, en tout cas, qui devrait être réexaminée par d'autres chercheurs.

Conclusion.

Les outils de coupe à manche dont parlent Pline l'Ancien et Columelle ne devraient être que des outils de coupe à petit manche, outils bien connus de l'époque de la Tène et dont il existe des exemplaires au début de l'époque romaine. On peut penser à ceux de Acy-sur-Romance ou de Malain. D'autant que Richard Pohanka montre (voir **Annexe R3 planche 14**) que les outils qu'il appelle « Hausense » (frappe fontale) existaient encore au II° siècle en Norique en parallèle avec les « vraies faux ». Il faut, de plus, suivre avec intérêt les datations des futures découvertes de grandes faux en Gaule et Grande Bretagne, avant de valider totalement l'hypothèse, mais la question devait être posée.

3. 3.) L'utilisation des grandes faux gallo-romaines.

L'utilisation des grandes faux gallo-romaines est un sujet assez controversé et nous allons tout d'abord examiner les points de vue des différents auteurs qui ont été retenus.

3.3.1.) La coupe des céréales est envisagée.

3.3.1.1.) Point de vue de A. Steensberg.

La traduction en français du passage concerné est la suivante :

« J'ai déjà expliqué[46] que je ne puis admettre que Pline l'Ancien ne mentionne pas la longue faux. Ce qui ne veut pas dire qu'elle n'existait pas à son époque. Les découvertes indiquent que, dans tous les cas, elle a été utilisée dans les régions limitrophes au nord de l'Empire Roman ». Et il ajoute

---

[43] Stern H., *op. cit.* p.1444.

[44] Ils on été trouvé dans un édifice religieux ou votif qui a été construit à cette date (fouilles archéologiques de Gurina ,site)

[45] Zeitlinger J., *op. cit.*, p. 24.

[46] Steensberg A. , *op. cit.*, p. 212.

« Comme les découvertes archéologiques le confirment, la faux courte à lame de fer et la faux à long manche appartiennent à des parties tempérées de l'Europe. Et, comme indiqué ci-dessus, en raison de leur manque d'équilibre, les faux courtes ont été maniées avec les deux mains, mais pas de la même manière que la faux à long manche ».

Donc, pour lui, en ce qui concerne Pline, il ne s'agit pas vraiment d'une « vraie faux » mais d'un outil de coupe que l'on doit manier à deux mains. Par ailleurs, la coupe des céréales n'est pas exclue

3.3.1.2.) Point de vue de J. Myrdal.[47]

Comme Steensberg il ne s'explique pas le silence de Pline l'Ancien sur ces grandes faux qu'il ne voit pas vraiment mentionnées dans les textes et il rappelle que Lünhing [48]estime cette faux utilisable pour les céréales mais que c'est prioritairement une faux à foin ou à herbes. La traduction partielle de son texte est la suivante : « La faux est attachée à l'Europe centrale et l'Europe du Nord pour la coupe du foin. En Europe du Sud où les animaux ne restent pas aussi longtemps à l'intérieur de la ferme et n'ont pas besoin de nourriture, l'utilisation de la faux est moins importante et elle est apparue beaucoup plus tard. »

Il semble aussi fortement influencé par le point de vue de White et de S.E. Rees.

3.3.1.3.) Point de vue de S. E. Rees.[49]

Pour lui les essais à Reading par J. W. Anstee montrent que les faux de l'époque romaine étaient tout à fait adaptées aussi bien pour couper du foin que du blé et de l'orge.

Il rappelle que White suggère que le temps (météorologique) était primordial particulièrement en (Gde) Bretagne car le foin devait être coupé en été à une période ou les orages pouvaient causer de grands ravages. White attire l'attention sur d'autres points qui pourraient avoir influencé le développement de la faux, premièrement, l'accroissement de la demande de fourrage due au développement de l'élevage d'animaux, deuxièmement le changement dans la conduite des fermes menant au développement de grands champs ouverts et à des prairies convenablement gérées, et troisièmement une probable pénurie du travail saisonnier pour les moissons.

Il est intéressant de noter que, selon lui, toutes les longues faux trouvées en (Gde)« Britain » proviennent de zones d'exploitation agricole intensive à l'époque romaine. Pendant les fouilles à Farmoor une grande importance a été accordée aux preuves environnementales des productions de ce site. Et comme la grande partie des preuves sont favorables à un environnement de prairies, rien n'indique que des céréales auraient poussé. Ces longues faux ne semblent pas avoir été fabriquées après le 4ème siècle.

-En résumé.

Cette grande faux était vraisemblablement utilisée pour la coupe du foin dans un environnement prévu pour cela, mais rien n'exclu à priori la coupe des céréales.

3.3.2.) La coupe exclusive du foin et de l'herbe.

3.3.2.1.) Point de vue de F. Sigaut.

La faux a servi exclusivement à la récolte du foin[50], elle suppose la prairie. L'ensemble foin – prairie est le résultat d'une intégration agriculture -élevage plus poussée en Europe qu'ailleurs dans le monde. Pour lui, l'utilisation de la faux pour la moisson est tardive.

---

[47] Myrdal J., *Jordbruksredskap auv Järn fore år 1000*,(Iron agricultural implements before the year 1000) Stockolm,1982.
[48] Lühning A., *Die scheindenden Erntgeräte*, Göttingen, 1951, p. 310-312.
[49] S. E Rees, *op. cit.*, p. 476-477.
[50] Sigaut F. , Moisson et fenaison, *Nouvelle de l'Archéologie*, 19,Paris, 1985, p .36-37.

3.3.2.2. Point de vue d' Alain Ferdière.

Pour A. Ferdière[51] les grandes faux étaient utilisées pour couper les tiges des céréales après moisson des épis à la faucille [52]. On peut penser que cette démarche est bonne mais pas avec ces grandes faux, plutôt avec des faux de frappe à deux mains avec manche court. En fait ce n'était vraisemblablement pas des « vraies faux » (à coupe latérale) mais des outils de coupe frontale courants à la fin de l'époque La Tène et au début de l'époque romaine, car les grandes faux pourraient avoir été inconnues des auteurs latins. Mais pour l'auteur la faux c'est la récolte du foin.

3.3.2.3.) Point de vue d'Henri Stern[53].

Rappelons que Stern H. indique que le calendrier de la porte Mars de Reims retient pour les faux le mois de Juillet ce qui, d'après lui, pour le calendrier gallo-romain correspond au mois de la fenaison.

3.3.3.) Essai de synthèse sur l'emploi des grandes faux gallo-romaines.

Dans les faux dite "à talon" (voir **Annexe R1, Planche 7**), le talon aide "vraisemblablement" à ramener les produits coupés sur le côté gauche de la faux. La grande faux gallo-romaine avec *un taillant sur toute sa partie courbe* pourrait avoir un effet du même genre, rassembler les produits coupés d'un seul côté. Ces faux, étant donné leur poids, devaient reposer sur le sol ce qui exclut toute coupe à mi-hauteur ; bien sûr l'absence d'angle entre le plat de la lame et le manche pose problème, mais les tenons de fixation du manche sont tous dans le prolongement de la lame. Il est évidemment possible, comme l'a fait Anseet[54] dans ses essais, d'effectuer une courbure sur la partie du manche proche de la lame pour avoir la lame parallèle au sol, mais ce n'est qu'une hypothèse. J. Henning [55]estime lui que l'absence d'angle entre le plat de la lame et le manche sur les découvertes de l'époque romaine, permet de conclure que les faux de cette époque n'étaient pas adaptées à la coupe au ras du sol, comme c'était le cas pendant le haut Moyen Âge. Peut-être, mais le poids des grandes faux gallo-romaines est un handicap difficilement surmontable.

En Conclusion.

-Priorité au foin certes, mais certains auteurs n'osent pas exclure la coupe des céréales quand celles-ci n'ont pas encore atteint leur maturité complète. Cette priorité au foin est confortée par la situation géographique des découvertes. Il n'a pas été possible d'apporter d'autres données pour appuyer avec certitude l'une ou l'autre thèse.

-Les textes des agronomes latins pourraient être d'un intérêt discutable pour l'étude de ces grandes faux gallo-romaines qu'ils n'ont pas forcément connues, sauf nouvelles découvertes archéologiques bien sûr. Par ailleurs les premières faux « vraies » à coupe latérale originaires de Norique semblent être apparues au début du premier siècle ap. J.-C. ou à l'extrême fin du siècle précédent, donc peut-être hors de portée de connaissance des auteurs latins comme Columelle et Pline l'Ancien. Ce point important devrait faire l'objet d'une étude approfondie.

---

[51] Ferdière A., *Bulletin AGER* N°7 et *op. cit.* p. 95.
[52] Ferdière A., *Bulletin AGER* N°7 p.4
[53] Stern H., *op. cit.*, p.
[54] Anstee J. W., *op. cit.,* essais de Reading (G. B.).
[55] Henning J ., Fortleben und Weiterentwicklung spätrömischer Agrargerätetraditionen in Nordgallien, *Acta Archaeologica Loveniensia*, 30, 1991, p. 52, fig.3.

CONCLUSION GENERALE

Les grandes faux en Gaule Romaine ont toujours retenu l'attention des historiens, on pourrait même dire que cet outil a passionné de nombreux chercheurs. De plus la faux en général a toujours eu un coté symbolique qui, quelque fois, fascine. Les auteurs anciens sont peu bavards sur ce sujet en Gaule, l'iconographie est rare et, sauf cas particulier, remplie d'incertitude.

Les découvertes archéologiques sont relativement nombreuses, mais il s'agit le plus souvent de petits morceaux ou d'éléments de faux dont il paraît difficile d'en retirer des indications sur la forme générale des pièces. C'est pourquoi il a paru utile de recenser, pour la Gaule, les faux et outils agricoles de coupe à lame et à manche entiers.

Le catalogue.

Un catalogue a donc repris les lames de faux entières relativement en bon état car, bien entendu, il ne reste que les parties métalliques. Ces lames ont fait l'objet d'un examen particulier. A une représentation faite le plus souvent à partir d'une photo numérique a été joint un dessin technique simplifié permettant de mesurer des dimensions caractéristiques essentielles de la pièce, en vue d'une comparaison et de son classement.

Ce catalogue détaillé, jamais encore réalisé à ce jour pour la Gaule, comprend 40 pièces métalliques. Il mentionne 16 lames de grandes faux entières, 6 éléments de lames de grandes faux susceptible de subir une analyse dimensionnelle, 5 faux à douille perpendiculaire à la lame, 4 très petites faux de fonction inconnue. Neuf outils agricoles à lame et à manche, ont également été pris en compte, bien qu'ils appartiennent le plus souvent à la fin de l'époque de La Tène, car leur emploi a perduré à l'époque romaine. A ce jour aucune grande faux datée avant le début du II° siècle n'a été retrouvée en Gaule.

Classification.

L'étude de la classification des faux gallo-romaines a mis en évidence, *à partir de l'hypothèse faite,* l'intérêt de baser la séparation des outils de coupe agricole à lame et à manche en fonction de leur mode de travail, à savoir, les outils à coupe frontale et les outils à coupe latérale. Ce qui est plus rationnel que la classification fondée sur la forme et les dimensions. Les faux « au sens strict » sont donc des outils de coupe latérale et la section de la lame est généralement dissymétrique. Cette coupe latérale, ainsi que nous avons essayé de le montrer, permet au faucheur de travailler avec un effort réduit pour une même production.

Une étude technique et ethnologique nécessaire.

Les faux du XIXe et XXe siècle sont heureusement assez bien connues, quant à leur forme et leur emploi. C'est à partir de ces éléments que nous les avons étudiées, car si les formes sont généralement différentes de celles de l'époque romaine, les principes tels que le mode de coupe de la lame, la cinématique du mouvement, la longueur et la forme du manche ont bien des points communs. Cette recherche a notamment permis de trouver des critères de classement et de faire des hypothèses sur la forme du manche.

Les grandes faux entières découvertes en Gaule sont peu diversifiées, si l'on excepte les trois grandes faux découvertes en Belgique qui sont d'un modèle inconnu ailleurs

Les grandes faux à l'époque romaine et leur emploi.

L'étude des faux de l'époque romaine hors de la Gaule a permis de retrouver en Grande Bretagne, d'après l'étude de S.E. Rees, des grandes faux d'un modèle identique à une grande faux de la Gaule, ainsi que des faux courtes à faible courbure comme celle représentée sur la stèle conservée au Musée de Vesoul et dont aucun exemplaire n'a été à ce jour retrouvé en Gaule.

La « vraie faux » est apparue en Norique dans la période située entre la fin de La Tène et le Ier siècle après J. C. , cette faux ressemblait à celles du XIXe-XXe siècle. Les grandes faux présentées par Richard Pohanka pour la période romaine en Norique sont d'ailleurs, sauf exception, assez différentes des faux retrouvées en Gaule. Au début du 1er siècle ap. J. -C. en Norique les deux outils, à coupe frontale et à coupe latérale, ont connu une cohabitation dont hélas on ne mesure pas encore bien l'importance en Gaule. C'est d'autant plus vrai que la présence de certains outils à coupe frontale, indiqués par Richard Pohanka et qu'il appelle « Hausense », datés du IIe-IIIe siècle ne laissent aucun doute. C'est dans ce sens qu'il faudrait interpréter au mieux les textes des auteurs latins, car une confusion est possible dans leur exploitation. Une incertitude subsistera toujours sur la présence effective de la « vraie faux » au premier siècle en Gaule. L'absence de références écrites, notamment chez Pline l'Ancien, que certains estiment inexpliquée, et la venue tardive de ces faux en Gaule, si l'on en croit les découvertes actuelles, pourrait expliquer ce silence.

Sans aucun élément nouveau, l'emploi précis des grandes faux gallo-romaines reste toujours un peu mystérieux bien qu'il soit généralement admis qu'elles étaient utilisées pour la fenaison.

André Marbach

Sources

Caton, De l'agriculture, Livres I-II-III, traduction Goujard R., Paris,1975.
Columelle, *De l'économie rurale*, trad. nouvelle par M. Louis Du Bois C. L. F. Panckoucke, 1844. Bibliothèque latine-française.
Palladius, *De l'agriculture*, Livres I à XIV, traduction Nisard 1864, Errance, Paris, 1969.
Pline l'Ancien, Histoire Naturelle, Livres VIII à XVIII, traduction H. Le Bonniec, *Les Belles Lettres*, 1972.
Varron, Economie rurale, traduction J. Heurgnon, *Les Belles Lettres*, Paris, 1978.

BIBLIOGRAPHIE.

Anstee J., Scythe(replica of roman scythe), make by J. W. Anstee, Museum of English Rural Life, Reading (G. B.).
Bdoyan V. H., Erkvagorcakan msakogt'o Hayastenovom' (La civilisation agricole de l'Arménie), Erivan, *Edition de l'Académie des sciences de la RSS d'Arménie*, 1972, XVI, n°4, 511p..
Beranova Magdalena, The agricultural tools of Bohemia (the iron age), *Tools and Tillage*, Vol VI-2, 1989, p. 107-118.
Blot J. , Les cromlechs de Sohandi, *Bulletin du Musée Basque*, Bayonne, 109, 1985, p. 113-131.
Brandt Paul, *Schaffende Arbeit und bildende Kunst*, Leipzig, 1927.
Comet Georges, *Le paysan et son outil, essai d'histoire technique des céréales*, Rome, Ecole Française, 1992.
Dechelette Joseph, *Manuel d'archéologie préhistorique et celtique, 4, Second âge du fer, Epoque de La Tène* , Paris, Picard, 1163 p.
Espérandieu Emile, *Recueil général des Bas Reliefs, Statues et Bustes de la Gaule Romaine*, Paris, 1913.
Grantham George, La faucille et la faux, *Etudes rurales*, 1999, 151-152, p. 103-131.
Henning J. , Zur Datierung von Werkkzeug- und Agrargerätefunden im germanischen Landnahmegebiet zwischen Rhein und oberer Danau, *Jahrbuch Zentralmuseum*, *GBRHZ*, 32, 1985, p. 570-594.
Henning J. , *Südosteuropa zwischen Antique und Mittelalter,* Berlin, 1987.
Henning J. , Fortleben und weiterentwicklung spätrömischer Agrargerätetraditionen in Nordgallien, *Acta Archaeologica Lovaniensia*, 30, 1991
Jones Andrew, Harvest custom and Labourer perquisites southerm England 1150-1350, the hay harvest, *Agricultural History Review*, 25, p. 98-107.
Ferdière Alain, *Bulletin AGER*, 7, 1977, p. 4.
Ferdière Alain, *Histoire de l'agriculture en Gaule*, Errance, Paris, 2006.
J. Bruhnes-Delamarre Mariel, *La vie agricole et pastorale dans le monde*, Cuénot, Paris, 1975.
Kai Vido, site internet : scythes connection.
Lefèvre François, Nouvelles lecture du décor de la Porte Mars de Reims, 69, *Etudes Marnaises*, Chalons en Champagne, 2004.
Le Gall Joël, Les « falses » et la « faux », *Etudes d'Archéologie Classique*, II, Paris, 1959, p. 53-71.
Leroi-Gourhan André, *L'homme et la matière*, Paris, 1971.
Lehnert Bernhard, *Naturenlebens, Mähen mit der Sense,* Europa,Walsheim, 2000.
Lühning A., *Die schneidenden Erngeräte*, Göttingen, 1951.
Myrdal Janken, Jordbruksredskep av järn före är 1000 (iron agricultural implements before the year 1000), *Fornvännen 77* , Stockolm,1982.
Nilesse Olivier et Buchsenschutz Olivier, Les faux et la datation des dépôts à l'époque de l'âge du fer, *Actes de la table ronde de Neufchatel 2007*, Neufchatel, Suisse, 2009, p. 157-165.
Philippe J., Le fort Harrouard, *L'Anthropologie*, 46, 1936, p. 541-612, fig.42-2 et note 3 p. 583-585.
Pluvinage Guy, *Brève histoire de la mécanique de rupture*, Université de Metz, 2000.

Pohanka Richard, Die eisernen Agrargeräte der Römischen Kaiserzeit in Österreich, *B.A.R.*, I. S. 298, 1986.
Rees S. E., Agricultural Implement in Prehistoric and Roman Britain, *B. A. R.*, British Series 69, 1979,
Reignez Pascal, l'outil, du forgeron à l'utilisateur, *Technique et Culture*, 30, 1997, p. 117-147.
Reigniez Pascal, *L'outillage agricole au Moyen Âge*, Errance, Paris,2002, 446 p.
Reignez Pascal,, Les apports de l'archéologie à l'étude de l'outillage médiéval, *In G. Comet, l'outillage agricole médiéval et son histoire.* Actes des 28° Journées internationales d'histoire de l'abbaye de Flaran Nov. 2001, Toulouse, p. 147-171.
Reinach Salomon, *Catalogue illustré du Musée des antiquités nationales de St Germain en Laye*, 1, 1917.
Renard Marcel, *Technique et agriculture en pays trévire et rémois*, Coll. Latomus, 38, Bruxelles, 1959, p.50-68.
Sensenmuseum, Achern, Bade-Wurtemberg, Allemagne.
Schutz Klinler K-R, Die Entwicklung der ländlichen Handarbeitsgeräte in Südwest Deutschland, *die Museumfreund*, 14/15, 1975.
Sigaut François, Identification des techniques de récoltes des graines alimentaires, *J.A.T.B .A.*, XXV, 3, 1978, p. 145-161.
Sigaut François, Moisson et fenaison, *Nouvelles de l'Archéologie*, 19, 1985, p. 28-38.
Sigaut François, La faux un outil emblématique de l'agriculture européenne, *In G. Comet, l'outillage agricole médiéval et son histoire.* Actes des 28° Journées internationales d'histoire de l'abbaye de Flaran nov. 2001, Toulouse, p. 281-295.
Sigaut François, *La Faux, un outil emblématique de l'agriculture européenne*, Paris, 2002.
Steensberg Axel, *Ancient Harvesting Implements*, Copenhague, 1943.
Stern Henri, La représentation des mois gallo-romains, *Gallia*, 1951, p. 21-30.
Stern Henri, Le cycle des Mois et la Porte Mars à Reims, Hommages à Albert Grenier, *Collection Latomus-Bruxelles*, 1962, p. 1140-1446.
Szombathy J., *Das Grabfeld von Idria bei Baca*, MPK,I, 1903, 291p.
Tresemer David, *The scyte book,* Vermont, USA, 1981.
Vido Kai, site internet, *scythes connection.*
Vilkuna Kustaa, *Die Heumahd mit der Hausense*, Bonn, 1972.
White K. D., *Agricultural implements of the roman World*, Cambridge,1967.
White K. D. *Roman Farming*, London, 1970.
Vouga Paul., *La Tène, monographie de la station*, Leipzig, 1923.
Zeilinger Josef, Sensen , Sensenchmiede und ihre Technik, *Jahrbuch des Vereines für Landeskunde und Heimatpflege im GauOberdonau*, Linz, 1944, p. 13-179.

Abréviations.

A.G.E.R., Association d'études du monde rural gallo-romain.
B.A.R., British Archaeological Reports.
J.A.T.B.A., Journal d'Agriculture Tropicale et de Botanique Appliquée.
G.B.R.H.Z., Jahrbuch des Römisch-Germanischen Zentralmuseums Mainz.

ANNEXES

du

CATALOGUE

Annexe C1

ETUDE DE LA COUPE DES FAUX

1.) Représentation de la coupe des outils agricoles à lame et à manche et des faux.

La classification générale des outils agricoles de coupe à lame et à manche et des faux est basée sur la division en deux modes de coupe, prise comme hypothèse, la coupe frontale et la coupe latérale.

La coupe frontale, qui est utilisée depuis l'âge du bronze, s'est poursuivie exclusivement à l'âge du fer jusqu'au début du I° siècle apr. J.- C..

La « vraie faux » utilise une coupe latérale qui réduit l'effort du faucheur comme indiquée dans la note technique. Elle est apparue en Norique au tout début du I° siècle.

Les représentations ci-après des modes de coupe et des outils correspondants aide à mieux comprendre la classification retenue, par une appréhension visuelle du travail des outils dans chaque cas,

a) Coupe frontale

Schéma de travail

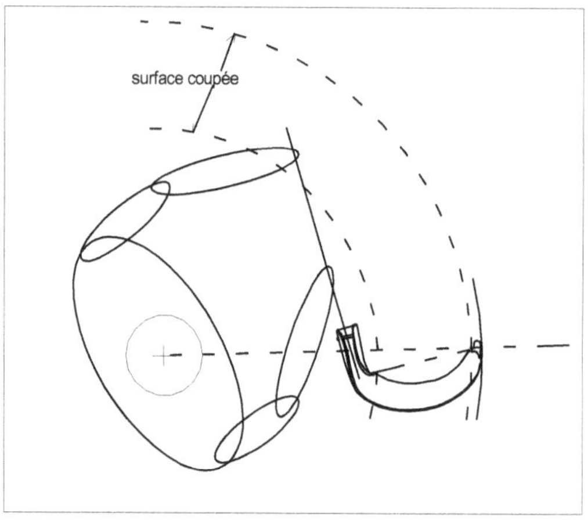

Outil agricole de coupe à lame et à manche.
(Epoque La Tène)

La coupe du taillant se fait de façon sensiblement perpendiculaire à la trajectoire de la lame.

b) Schéma général de la coupe d'une faux contemporaine.

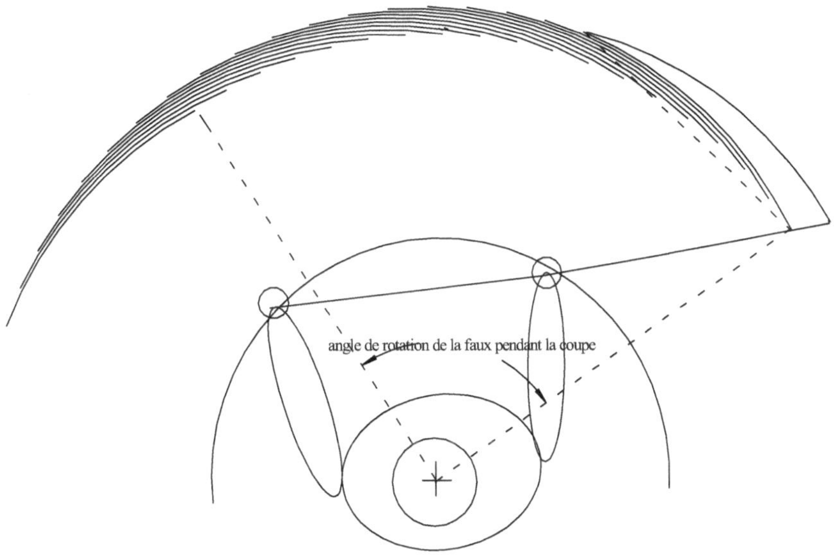

c) Coupe latérale de la faux contemporaine

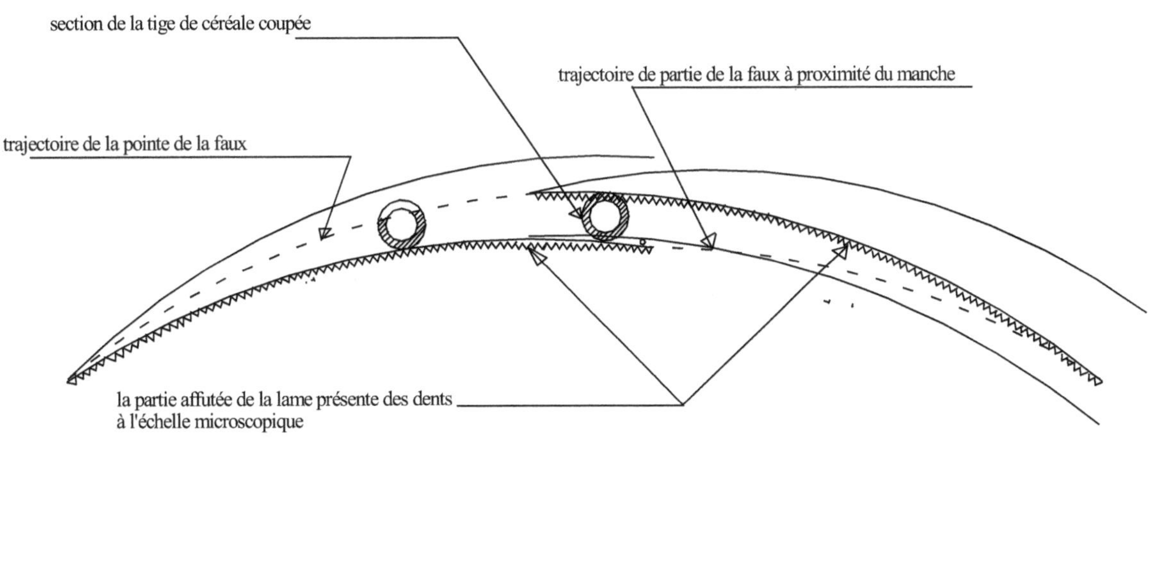

d) Répartition des forces de coupe le long d'une lame de faux selon la courbure du taillant.

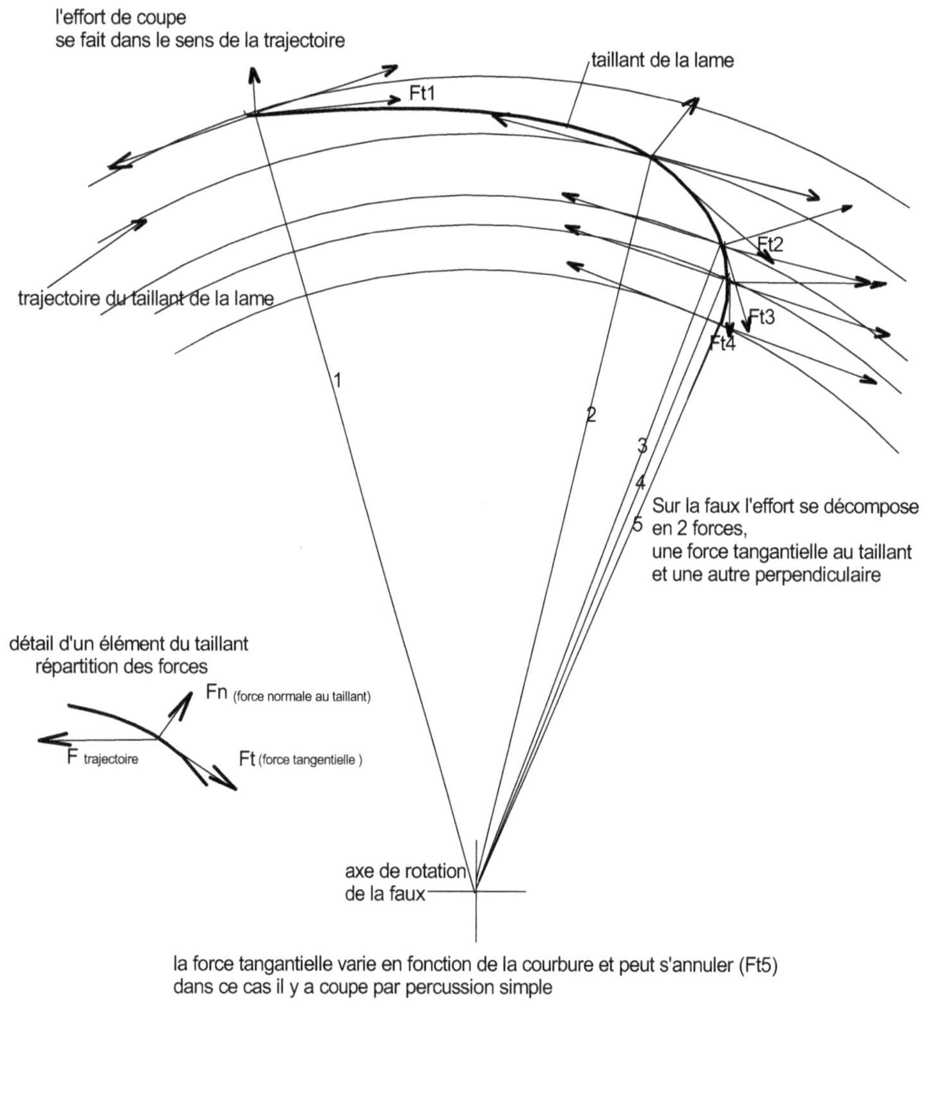

2.) Note technique sur la coupe des faux

2.1.) Coupe des outils agricoles à lame et à manche.

L'étude théorique de la coupe des matériaux, tel que l'herbe, le foin et la tige des céréales n'a pas été beaucoup développée d'autant que cela ne concerne que peu de monde. Les études disponibles, concernent essentiellement le travail du bois dont les modes de coupe s'apparentent difficilement à celles du foin ou des céréales. Les spécialistes du bois contactés nous ont conseillé de rechercher les études concernant des produits plus industriels quitte à faire des hypothèses.

« Ils pensent[1] que dans le cas des faux, pour couper un produit mou tel que l'herbe, il y a un effet d'impact. Cet impact, lié à la vitesse, produirait dans le produit mou, une rigidité liée à la présence de l'eau. Cette eau ne peut s'évacuer et rigidifie le produit ce qui facilite sa coupe. Le cas se retrouve dans le bois vert dont la coupe est différente du bois sec.

Néanmoins, la vitesse d'impact (donc de coupe quelque part) est importante pour le comportement global de la tige par rapport à l'arête de coupe. Plus la vitesse est lente, plus la tige se comporte comme un matériau très « mou », donc difficile à couper. Il y a donc tout intérêt à donner le maximum de vitesse à la lame au moment de la rencontre, mais aussi à faire en sorte que cette vitesse et l'énergie résiduelle soit encore suffisante pour les dernières tiges coupées par le même coup, ne pas en prendre trop à la fois (ou utiliser une masse suffisante) ». C'est intéressant mais trop général pour être appliqué concrètement.

2.2.) Recherche sur le mode de coupe des outils agricoles à manche et à lame.

Il est vite apparu que la coupe d'un produit agricole, par des outils adaptés et qui ont fait leurs preuves n'était, d'une façon générale, pas étudiée sur le plan technique. Cela a semblé préjudiciable à l'étude de la classification de ces outils car leurs formes étant diverses, le mode de coupe devait certainement présenter aussi quelques différences. Par analogie avec des cas similaires dans les matériaux, une ***hypothèse*** a été faite sur le mode de coupe des « outils agricoles de coupe à lame et à manche » et donc des faux.

2.2.1) Hypothèse de travail et analogie.

Les matériaux comme le foin et les tiges de céréales ne sont pas des matériaux ductiles[2] mais fragiles. Une fois la rupture amorcée celle-ci se propage dans toute la surface d'autant qu'elle a lieu perpendiculairement aux fibres ou aux cellules[3].Un exemple simple pour faciliter la compréhension ; la coupe du verre. Le verre qui est un matériau fragile n'a besoin que d'une petite fissure pour être coupé. Une faible énergie suffit donc au vitrier pour couper le verre.[4] Nous sommes ici en présence d'un matériau moins fragile et l'énergie à fournir est fonction de la profondeur de l'entaille.

2.2.1.1) Influence de l'entaille.

Concentration des contraintes due à l'effet d'entaille en effort de traction.

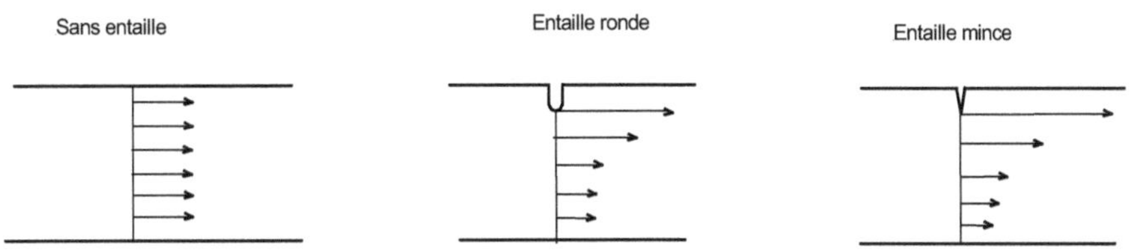

La longueur des flèches correspond à la valeur de la contrainte en Kg/mm²

---

[1] Avis de Mr Remy Marchal, professeur ENSAM, Cluny, et de Mr Bernard Thibaud, Centre Technique du Bois.

[2] Le plomb par exemple est un matériau ductile par opposition au verre, matériau fragile.

[3] La rupture fragile est caractérisée par l'absence de déformation plastique macroscopique, et donc par la propagation très rapide possible des fissures par décohésion brutale (la rupture se fait avec une consommation d'énergie faible).

[4] On peut rappeler que le Titanic à coulé dans l'Atlantique Nord, à cause de la rupture simultanée des rivets de fixation des tôles du navire sous l'effet du choc contre un glacier. Ces rivets déficients ont été examinés, et ils présentaient des amorces de fissure, qui ont causé leur rupture.

La figure ci-dessus montre que dans le cas d'effort simple de traction la contrainte au droit de l'entaille sur le produit (exprimée en Kg/mm²) est plus importante. De plus, comme on peut le voir, la forme de l'entaille et sa profondeur ont, elles aussi, une influence non négligeable.

Dans le cas d'une rupture fragile sous choc avec entaille, la décohésion se fait si brutalement qu'il est souvent impossible de mesurer les efforts et on doit avoir recours à des essais.

Pour avoir une image de la réalité on a utilisé des études effectuées sur des tuyaux de plastique. Par analogie, certes discutable, avec la rupture transversale par choc de tuyau plastique dur sous entaille[5], simulant la rupture fragile, on peut avoir une idée de l'importance de la profondeur de l'entaille sur l'effort à fournir pour obtenir la rupture.

Les efforts, à surface égale coupée, varient selon la forme et l'importance de la micro fissure (et donc de l'affûtage de la lame) de 1 à 5 comme le montre le graphique [6]ci après.

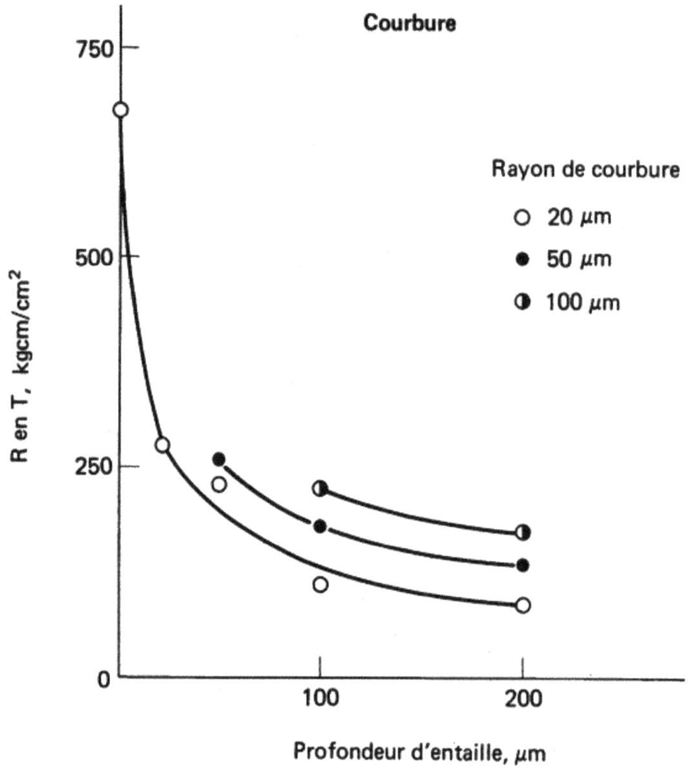

Fig. 6. Variation de la résilience en traction (R en T) du PVC rigide (A) en fonction de la profondeur d'entaille et du rayon de courbure.

Cet écart important des efforts est lié à l'importance et à la forme de la fissure. Pour information le rôle de fissure est représenté par un coefficient **K.**

Ce coefficient **K** représente l'intensité des contraintes. Il est fonction du rapport de deux facteurs : la largeur de la fissure et de sa profondeur, et il s'exprime par la formule.

[5] Analogie avec le tuyau de pvc proposée par Mr Meausoone, Professeur à l'Ecole Supérieure du Bois d'Epinal et qui a été développée.
[6] R. Jacob, Rupture fragile des tuyaux en pvc rigide, Solvay, Bruxelles, 1977, p. 620.

$$K = 1 + 2\sqrt{l/e}$$

l étant la longueur de la fissure et **e** sa largeur

Plus la fissure est **étroite et profonde,** plus le coefficient de contrainte est important.

L'énergie à fournir pour obtenir la rupture fragile est fonction de ce facteur **K**

*Plus la valeur de **K** est élevée plus l'énergie à fournir pour la rupture (la coupe) est faible.*

2.2.1.2.) Rôle de la vitesse d'impact.

Un autre facteur à prendre en compte est la vitesse d'impact. On se gardera ici de présenter les études un peu plus complexes et on se contentera d'en donner la synthèse.

Dans le cas d'un tuyau pvc dur[7], il y a un lien entre la vitesse d'impact et la rupture fragile.

Plus la vitesse d'impact est élevée plus le coefficient **K** peut être diminué, c'est dire que la fissure peut être réduite pour arriver à la même rupture.

Dit autrement, une petite entaille impose une vitesse d'impact élevée pour arriver à la rupture.

2.3.) Application à la coupe des outils agricoles à manche et à lame.

Si la comparaison de coupe par rupture fragile des tiges de végétaux avec celle de tuyau plastique dur peut paraître « *contestable* », le plastique étant de structure homogène alors que les tiges de céréales sont composites et fibreuses, ce sont tous les deux des matériaux considérés comme fragiles. Les enseignements sur le rôle des différents facteurs tels que les entailles et la vitesse d'impact dans la rupture sont intéressants.

Unc cntaille réduite demande un effort de coupe plus important et cela conforte la séparation de ces types d'outil en deux modes de coupe différents selon l'importance de l'entaille.

De l'âge du bronze à l'Age du Fer inclus les lames des outils de coupe se positionnaient de façon identique face au produit à couper, c'est ce qu'on appelle la **coupe frontale**. A la fin de l'Âge du Fer (année zéro) un mode de coupe différent est apparu ; la lame aborde le produit à couper de façon latérale en décrivant un arc de cercle, ce sera la **coupe latérale**. Ce sera l'apparition de la faux.

Ces deux modes de coupes demandent évidemment des efforts différents et nous allons essayer de comprendre l'intérêt d'un mode de coupe par rapport à l'autre.

2.3.1.) Coupe frontale.

2.3.1.1) Le principe

Les tiges sont coupées par le taillant de la lame face au produit. Sous l'effet du choc, le tranchant, s'il est bien affûté, fait une **entaille** sur la tige et celle-ci, fragilisée par cette amorce de rupture, se rompt perpendiculairement aux fibres. Il y a **« décohésion brutale »** de la section du produit au droit de l'entaille, car nous sommes en présence d'une rupture fragile. Si l'on maintient l'analogie avec le pvc la faiblesse de l'entaille doit être compensée par une **vitesse d'impact plus élevée.**

2.3.1.2.) Les outils correspondants.

- les outils agricoles de coupe de l'age du bronze et surtout de l'Âge du Fer ont tous une coupe qui s'effectue face au produit à couper.

Notons cependant que certaines lames d'outils à manche découverts sur le site de La Tène, n'ont déjà plus tout à fait une direction de coupe face au produit. Une certaine évolution est visible, le taillant de lame aborde les tiges à couper avec un certain angle d'attaque.

-Les faux de frappe à coupe frontale

Le nom germanique connu est « Hausense » et en russe « Gorbuscha ». Le mode de coupe diffère assez peu de celui des faucilles rondes en croissant de frappe. L'effort se fait par énergie cinétique et la vitesse d'impact doit cependant être forte en l'absence d'entaille importante.

[7] Jacob R, *op. cit.*,p 619.

2.3.2.) Coupe latérale.

2.3.2.1.) Le principe.

Par son mouvement latéral par rapport à la tige, la lame décrivant un arc de cercle, le taillant entame par micro-sciage une entaille dans la tige puis (et) frappe la tige. Plus le taillant est bien affûté plus la micro-entaille sera importante. Sous l'effet de l'impact il y a aura comme précédemment **décohésion brutale** ou rupture fragile. Cette **décohésion brutale** s'effectuera alors avec un effort moindre que dans le cas précédent car l'entaille par micro- sciage dans la tige sera plus importante. Cela a été montré dans le cas de la mécanique des matériaux présenté précédemment.

On peut alors faucher des journées entières sans trop d'effort (relatif). Dès que la coupe devient difficile (effort trop élevé) le faucheur s'arrête et redonne avec la pierre du fil au taillant pour que la micro-entaille reprenne son importance. Quand l'usure de la lame est trop forte pour être compensée par le simple affûtage, le faucheur reprend la faux sur son enclume et la martèle pour affiner et redonner du fil. Cette opération, par définition, est irrégulière et accentue le processus ultérieur de sciage. Le martelage, par ailleurs, augmente la dureté superficielle par écrouissage de la lame.

D'une façon plus générale il faut rappeler que la coupe d'un simple couteau doit beaucoup à l'effet d'un micro-sciage qui s'effectue au niveau du fil. La pierre ou le fusil forment des sillons parallèles sur le fil, complété en cela par la ségrégation métallographique ; les parties dures de l'acier s'usant moins que les parties moins résistantes complètent l'effet de micro-sciage (visible au microscope).

2.3.2.2.) Les outils correspondants.

-Les faux à coupe latérale.

Nous retrouvons ici la faux contemporaine dont l'origine est ancienne. Parmi les premières connues est celle de Idria près Baca en Slovènie (Norique) pour l'année zéro avec quelques autres exemplaires de la même époque.

Cet outil a eu un développement considérable jusqu'au XX° siècle et si les formes ont varié, le principe lui n'a pas changé.

Conclusion.

Tout d'abord il faut se rappeler que l'étude s'appuie sur une *hypothèse* et donc on peut donc toujours mettre en cause le résultat. On peut espérer cependant que celle-ci sera reprise et complétée un jour par d'autres car il nous a paru difficile de faire une simulation de rupture fragile ou **décohésion brutale** avec des végétaux. Enfin le rôle de la vitesse d'impact n'est ici qu'esquissée, or ce paramètre a une influence certaine sur la flexibilité des tiges à couper et la coupe elle-même.

Nous retiendrons donc deux modes de coupe, la **coupe frontale** qui demande un effort important et la **coupe latérale** ou l'effort serait réduit par un « effet d'entaille » plus important. Dans les deux cas la coupe serait de même nature.

Cette *hypothèse*, qui a quelques sérieux fondements, a le mérite de bien expliquer les différences essentielles entre les modes de travail des outils agricoles à lames et à manche. Deux modes de coupe différents correspondent à deux types d'outils différents. Elle permet surtout de servir de **base à la classification** des outils agricoles à lame et à manche, ce qui n'est pas là son moindre avantage.

Annexe C2.

Outils agricoles de coupe à lame et manche en forme de genou ou de manivelle

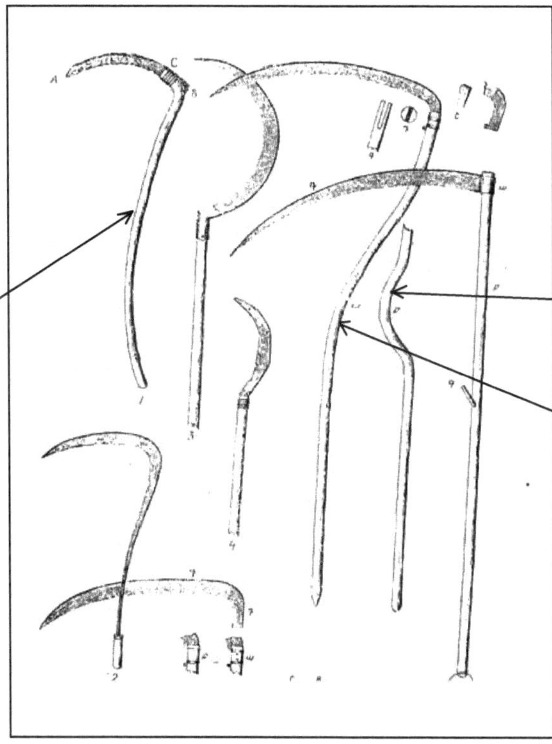

Bdoyan V. H., Erkvagorcakan msakogt'o Hayastenovom' (La civilisation agricole de l'Arménie), Erivan, *Edition de l'Académie des sciences de l'RSS d'Arménie*, 1972, XVI, n°4, p. 363

Outils du I° âge du fer nordique.
Soit I-III° siècle ap. J. C.

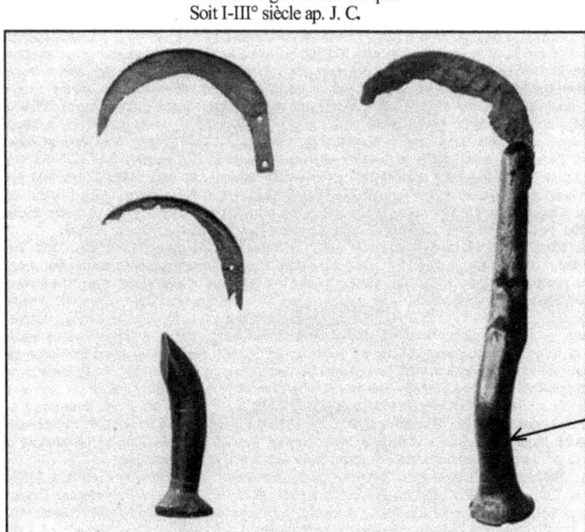

Fig. 39. Sickle fragments and sickle from Vimose.

d'après

Steensberg Axel, *Ancient Harvesting Implements*, Kopenhague, 1943, fig. 39.

ANNEXES

de la

RECHERCHE

Annexe R1

ETUDE TECHNIQUE DES FAUX

1) Etude générale et cinématique du fonctionnement des faux du XX° siècle.

L'étude qui va suivre sera basée sur les faux classiques du XX° siècle qui sont en notre possession et qui fonctionnent encore.

Un examen réalisé par caméscope et repris ensuite, vue par vue par superposition de celles-ci, a permis de retrouver le schéma général de fonctionnement d'une faux. Il s'agit, bien entendu, d'une modélisation permettant, grâce à une certaine simplification, de pouvoir étudier les différents paramètres de travail.

1.1.)Recherche d'une modélisation par les moyens de la cinématique.

Nous résumons ci-après les idées directrices **(voir planche N° 1).**

Le manche droit de la faux est tenu par les deux mains du faucheur. La main gauche tient l'extrémité du manche par l'intermédiaire d'une pièce en bois faisant office de poignée, et la main droite tient le manche à la moitié de sa longueur par une pièce en bois. La lame de la faux qui a une partie coupante concave, est fixée à l'extrémité du manche selon un angle généralement inférieur à 90°. Les deux bras du faucheur font un angle entre eux compris entre 60° et 90°. Pendant l'opération de fauchage, l'homme pivote sensiblement de 90° autour de l'axe de son corps, les bras tendus. Ce pivotement coupe l'herbe (le foin ou les céréales). Cette partie coupée a la forme d'une portion d'anneau circulaire représentant environ un quart de cercle.

On se rend compte visuellement à la lecture de la planche N°1 du rôle de l'angle de la corde du taillant avec le manche sur le débit de la faux.

Planche N° 1

Coupe de la faux
Schéma de fonctionnement.
angle de 50°

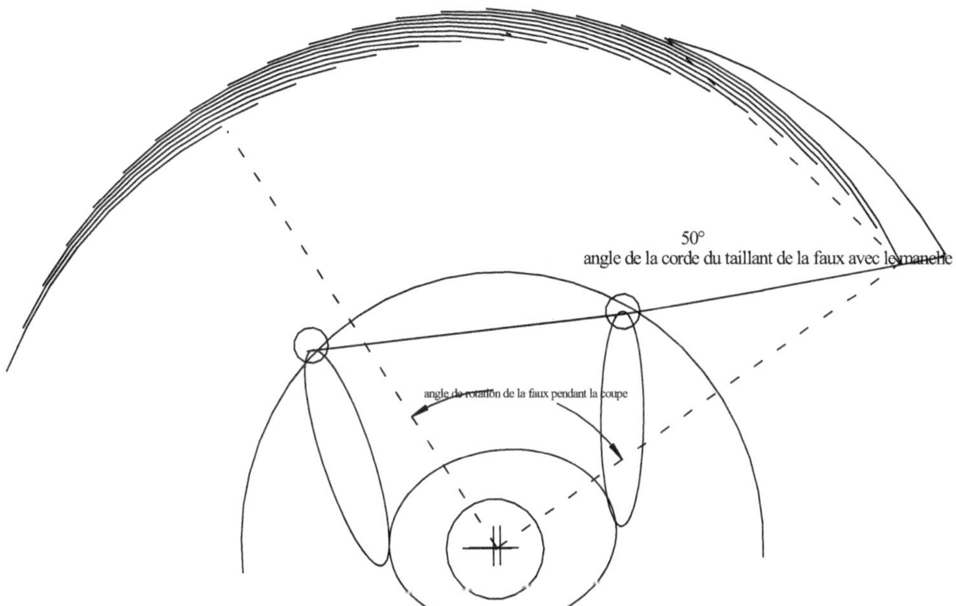

angle de rotation de la faux 90°
pendant la coupe

-angle de la faux par ra pport à l'axe de giration= 80° (50+30)
à partir des données suivantes :
-longueur du manche 1.m50
-distance des poignées de la faux à l'axe de rotation 0.m50
Il en résulte également la distance de la faux à l'axe giration 1.m30

Schéma de fonctionnement
angle de la faux 60°

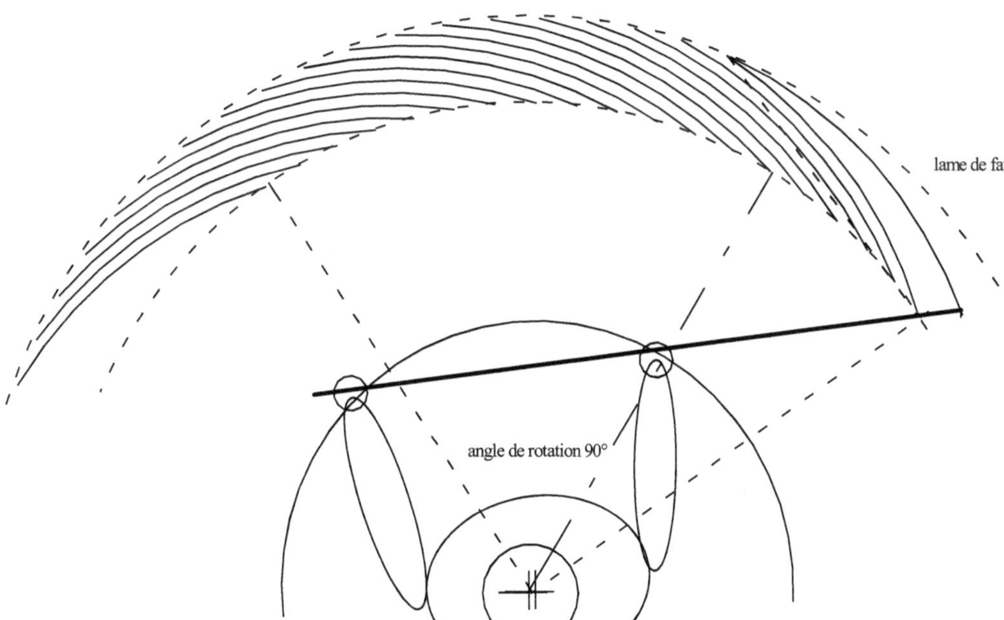

60°
angle de la corde du taillant de la faux avec le manche

1.2.)Les caractéristiques des faux et leur influence sur le débit.

Pour estimer le débit théorique d'une faux il faut mesurer la surface balayée par la lame à chaque cycle en fonction des paramètres principaux de la faux.

-Le premier paramètre. Ce sera l'angle de la lame avec la direction du manche, et en fait on prendra l'angle de corde du taillant de la faux avec le manche.

-Le deuxième paramètre. La longueur de la lame de faux est considérée ici comme une variable, et elle sera représentée par la longueur de la corde du taillant.

-Le troisième paramètre est la longueur du manche. Bien que pour les faux du XX° siècle cette valeur soit sensiblement constante, la prise en compte de cette variable constitue un élément de réflexion.

Toutefois il faut ajouter une réserve importante, ces courbes ne sont utilisables que pour **"les vraies faux**[1] "

Les caractéristiques sont présentées sur les courbes ci-après.

Planche N°2

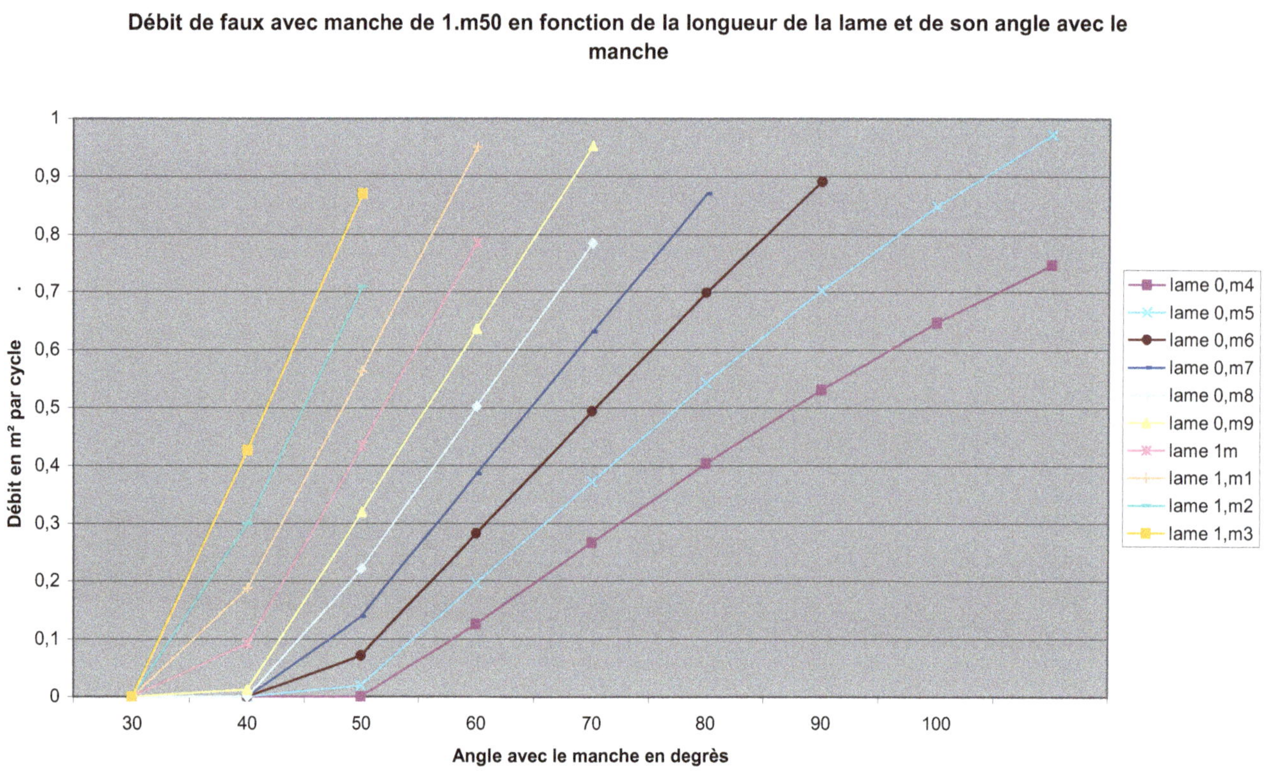

[1] Répondant à des critères bien précis présentés dans la classification.

Planche N° 3

Débit d'une faux à manche court (1m) pour différentes longueurs de lames selon leur inclinaison avec le manche

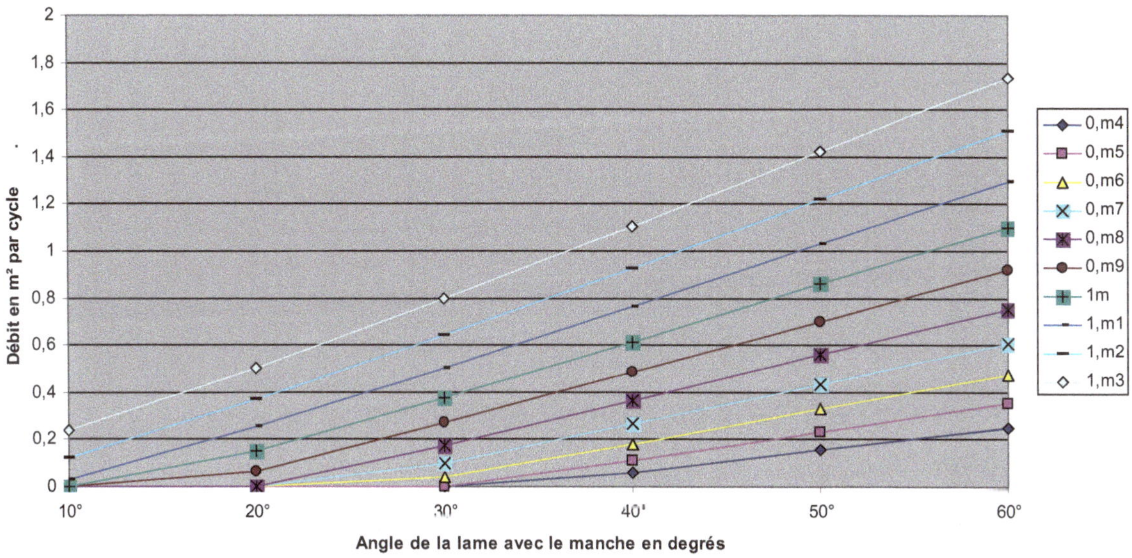

Planche N°4

Débit d'une faux avec manche de 1m80 pour différentes longueurs de lames en fonction de l'angle avec le manche

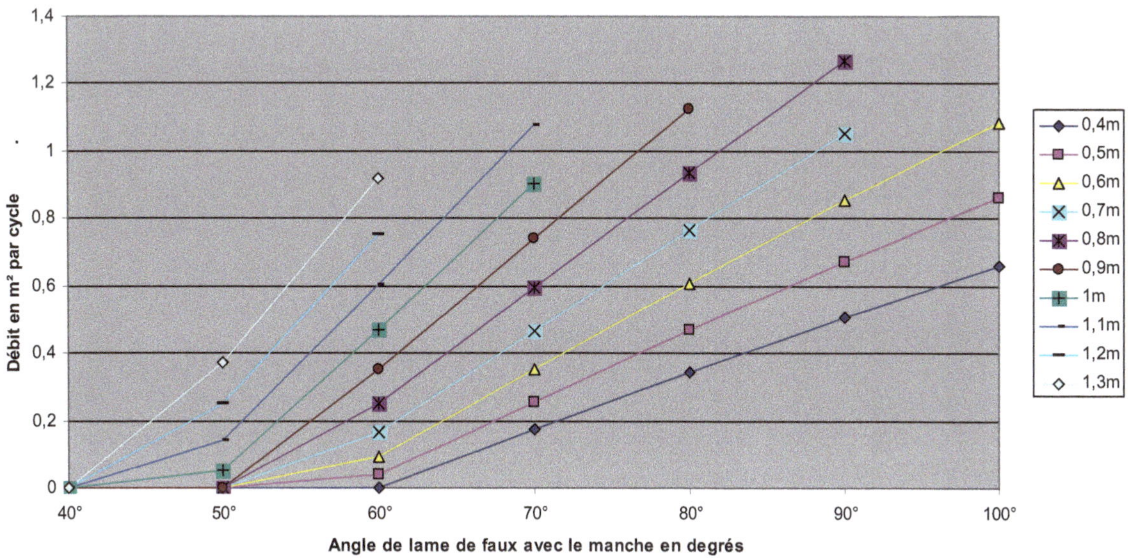

Planche N° 5

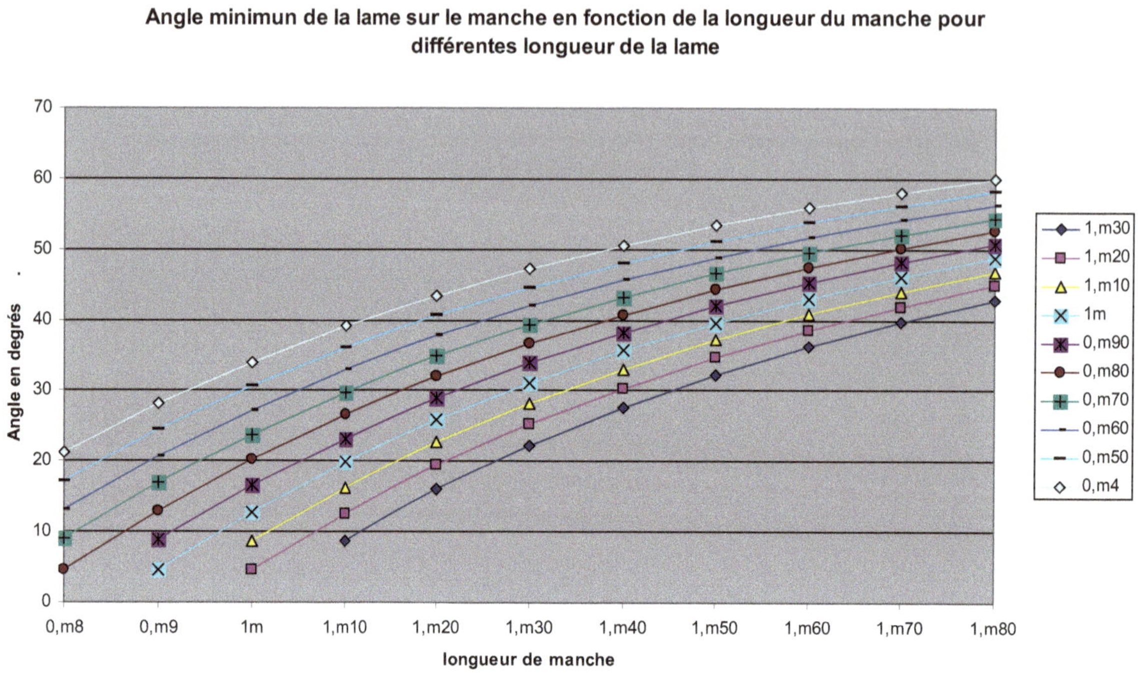

2.) Généralisation de l'étude de modélisation cinématique des faux et son utilisation.

L'étude de modélisation cinématique effectuée au paragraphe précédent peut-elle être utilisée pour des faux autres que celles bien connues du XX° siècle ?

Il faut rappeler que ces résultats ne sont applicables qu'aux outils du genre"faux " c'est-à-dire qu'à des outils de coupe tangentielle.

2.1.) Peut-on faire une généralisation ?

Pour la période gallo-romaine, les formes retrouvées s'éloignent très sensiblement des formes des faux contemporaines. De plus et c'est là un problème important, ces faux ne sont connues, pratiquement, que par leur lame en fer.

La forme et les caractéristiques du manche nous sont totalement inconnus.

Sa longueur peut varier dans une certaine limite qui peut aller selon les formes de 1m à 1m.80. Dans ce domaine nous serons toujours dans l'incertitude.

La **planche N° 6** représente différents types de lame. Il apparaît en première approximation que le débit d'une lame est sensiblement indépendant de sa forme, seule compte l'inclinaison de la corde du taillant avec le rayon de giration et sa longueur.

Quelque soit la forme de la lame et du manche,

- L'axe de rotation se situe toujours au centre du corps du faucheur (**planche N°6**).

-Le rayon de giration (**voir planche N°6**) part toujours de l'axe du corps du faucheur et rejoint le début de la corde du taillant. C'est l'angle de cette corde du taillant avec le rayon de giration, pour une faux donnée, qui détermine son débit.

La position du faucheur par rapport au manche, sa prise en main et la forme elle-même de celui-ci modifient le rapport entre la longueur du manche et le rayon de giration **(planche N°6**).

Mais on peut avoir diverses formes de manche pour un même rayon de giration et donc, en définitive, pour le même débit. On en conclut que l'on peut garder un même schéma de réflexions pour tous les types de faux, mais en se référant au rayon de giration et non plus au manche. A partir de là, une généralisation est donc permise mais bien sûr avec quelques réserves. Il faudrait alors reprendre l'étude précédente sur les caractéristiques des faux en ne retenant que les variables suivantes : le rayon de giration et l'angle de la corde du taillant avec ce rayon de giration. Celle-ci a été effectuée mais ne sera pas représentée ici.

2.2.) Approche de la forme possible du manche

2.2.1) Equilibrage de l'ensemble lame manche

Il paraît possible dans certain cas de faire une approche, pas forcément convaincante, de la réalité du manche en ajoutant des critères tels que l'équilibre de l'ensemble manche/faux. Cet ensemble, à défaut de poignées de préhension du manche, doit être "balancé", c'est-à-dire que le centre de gravité de l'ensemble doit passer à proximité du faucheur. On peut aussi résumer cette proposition en disant : le manche doit passer par le centre de gravité de la lame. Enfin et surtout le débit de la faux par cycle doit se situer aux environs de 0m²50. Mais malheureusement comme tout cela est insuffisant examinons si l'on peut appréhender d'autres éléments.

2.2.2. Recherche de l'axe de rotation de l'ensemble faux/manche.

L'axe de rotation serait intéressant à connaître pour la reconstitution d'une faux à partir d'une lame donnée. Peut-on l'appréhender ? C'est une question qui demande réflexion.
Si la lame est en bon état, l'examen de la partie extérieure de la pointe de la lame est un élément susceptible de donner quelques renseignements. Cette extrémité extérieure de la lame de faux ne doit pas"talonner" pendant le fauchage, c'est dire que cette forme extérieure doit obéir à des règles simples. **(Voir Planche N°** 7).
La pointe de la lame décrit un arc de cercle, dont le centre est l'axe de rotation, et détermine la partie extrême de la surface coupée. La partie extérieure, ou dos de la lame, qui la suit ne peut et ne doit pas pénétrer dans une zone brute, non fauchée. La forme de cette partie extérieure a donc des contraintes que nous allons expliciter.
Pour que la partie extérieure de la pointe de la faux n'atteigne pas dans son mouvement la surface non coupée, elle doit donc être sur un arc de cercle dont le centre est l'axe de rotation de l'ensemble manche/faux. C'est une condition "a maxima", c'est-à-dire que la forme extérieure du dos de lame, près de la pointe, devra avoir une inclinaison ne dépassant pas cette valeur limite.

-Mode d'emploi.
Il est donc intéressant de sélectionner la corde extérieure de la pointe de la lame, car l'axe de rotation de la lame se situera sur la perpendiculaire au milieu de cette corde[2], c'est-à-dire sa médiatrice. Les mesures réalisées montrent que généralement cet axe de rotation se situe sur cette médiatrice, mais si cela ne peut être retenu comme une règle absolue, l'étude a permis d'en vérifier le bien fondé.

Conclusion
Avec beaucoup de prudence on peut dire qu'il paraît possible d'avoir quelques indications sur le manche. Il faut pour cela faire des hypothèses portant, par exemple, sur un ensemble faux / manche balancé (c'est-à-dire sans poignée) et sur le débit de la faux, ou la surface balayée par la lame pour un cycle. (voir **Annexe R2,** Planche N°8) Une simple étude graphique suffit souvent pour départager deux options, mais on n'aura jamais de certitude sans apport particulier de l'archéologie.

[2] En géométrie plane la droite perpendiculaire au milieu de corde d'un arc de cercle passe par le centre de l'arc, elle est appelée médiatrice; la perpendiculaire à la tangente de l'arc donne également la direction de ce centre.

Planche N°6

Etude de la généralisation du modèle de faux

Faux normale du XVIII-XX° siècle

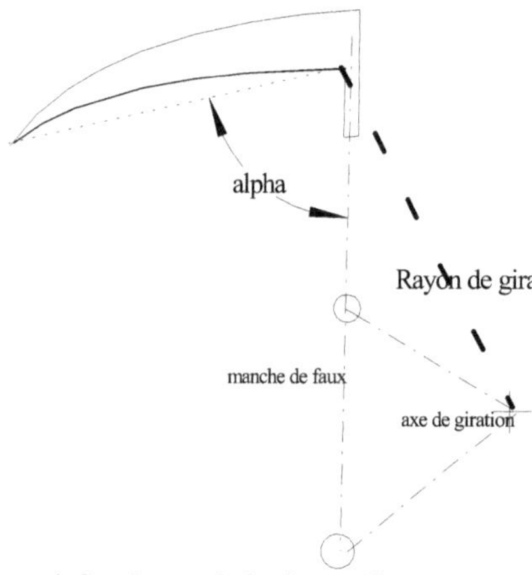

Lame de faux à tenon de fixation coudé

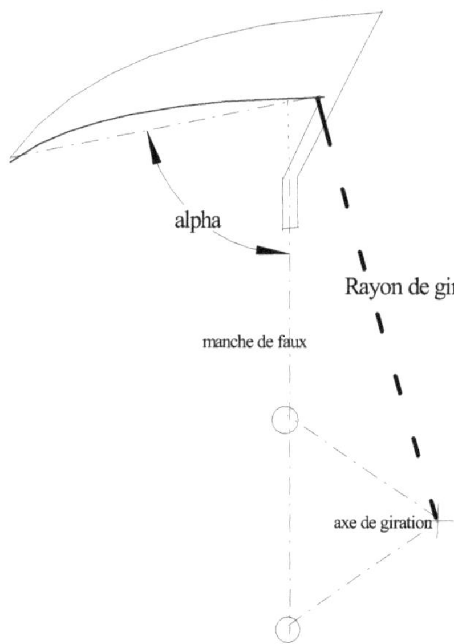

Faux à lame type gallo-romain

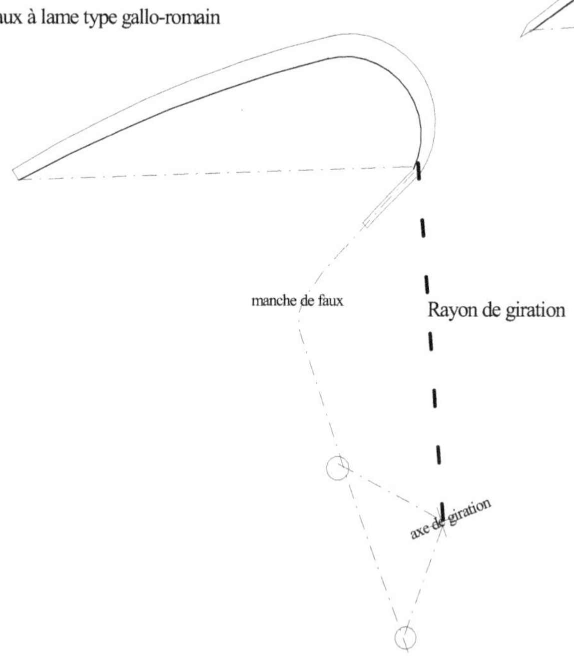

Faux à manche décalé (vers la droite).

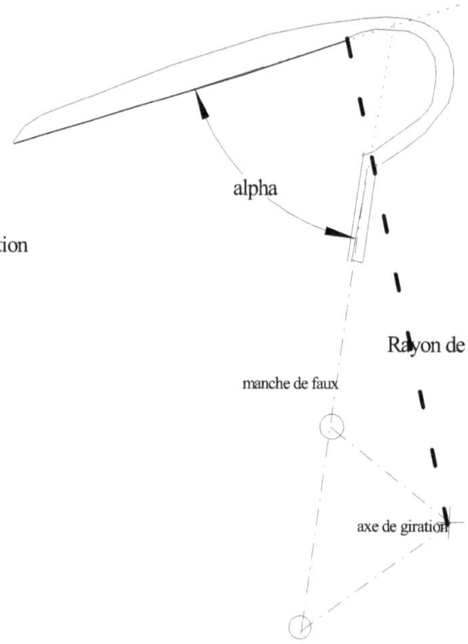

Faux à manche décalé (vers la gauche).

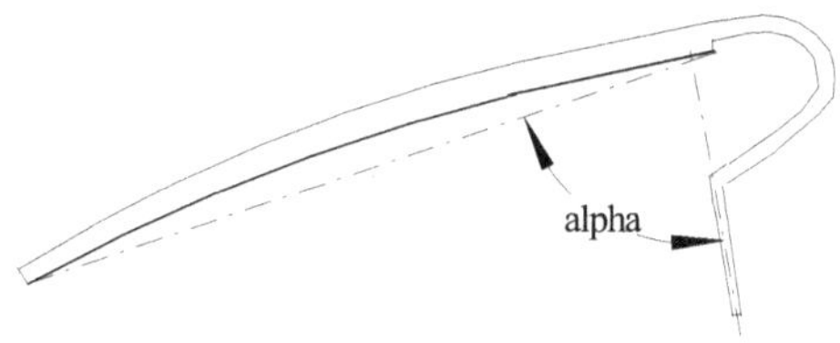

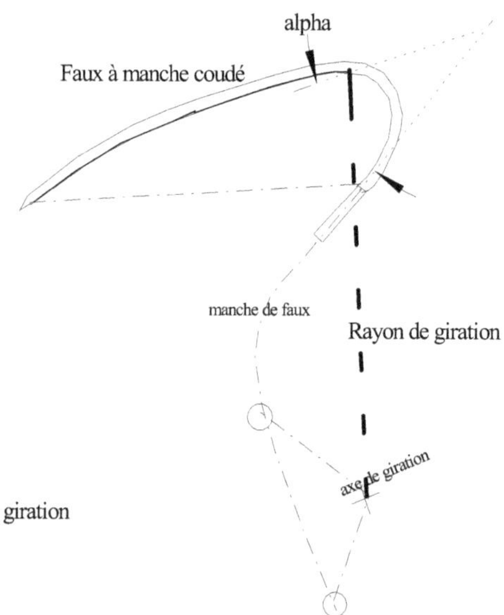

Planche N°7

Détermination de l'axe de rotation à partir de la corde extérieure de lame

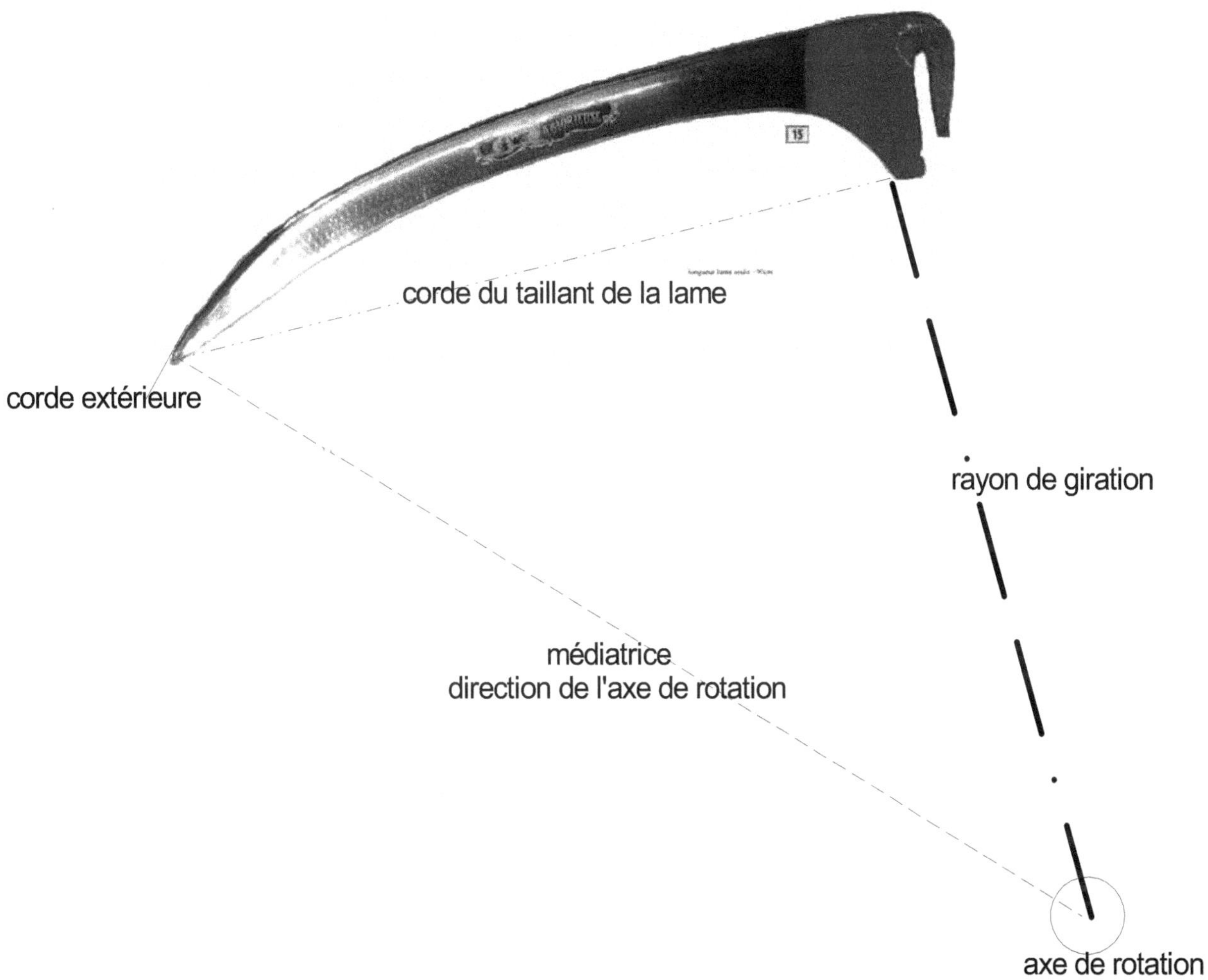

Annexe R2

Etude de manches pour les grandes faux en Gaule.

1) Grandes faux de forme courante en Gaule.

Les grandes faux les plus généralement retrouvées en Gaule ont fait l'objet d'une petite étude sur le type de manche le mieux adapté. Il apparaît assez nettement que la faux à manche coudé avec ses facilités de manoeuvre pour le faucheur est la mieux adaptée. Dans les deux cas le faucheur doit maintenir le manche près du corps pour garder un débit raisonnable.

Planche N°8

Comparaison de type de manche avec une grande faux gallo-romaine (rep.2.GF.rom)

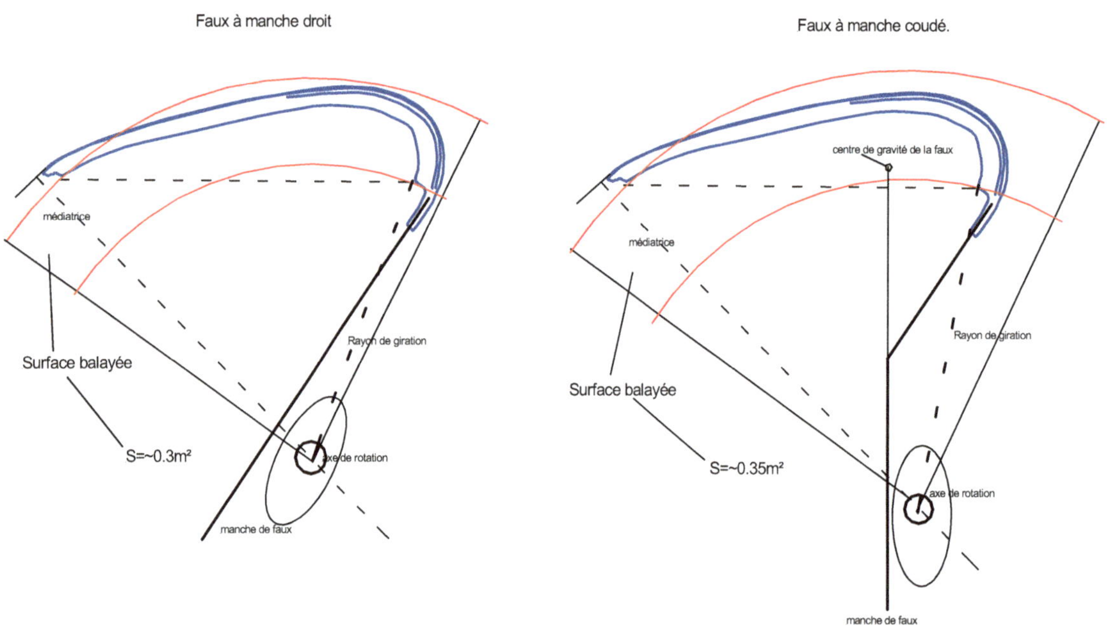

Dans les deux cas, le faucheur devrait tenir le manche près de son corps si la surface balayée doit rester réduite.

2) Faux d'Auzainvillers (88)

Cette faux a été retenue car sa forme est différente des grandes faux se trouvant en majorité dans le catalogue, elle s'apparente à certaines des grandes faux découvertes en Grande Bretagne et mentionnées par S. E. Rees, telle la faux de Irchester[1] et Great Chesterford[2]

[1] Rees S. E., *op. cit.*, Irchester (Northampton D237*1958-9), fig. 237, p.593.
[2] Rees S. E., *op. cit.*, Great Chesterford (Cambridge A-E 481093J), fig. 236, p. 592.

Planche N° 9

Faux de Auzainvilliers (88) repère 10 GF.rom

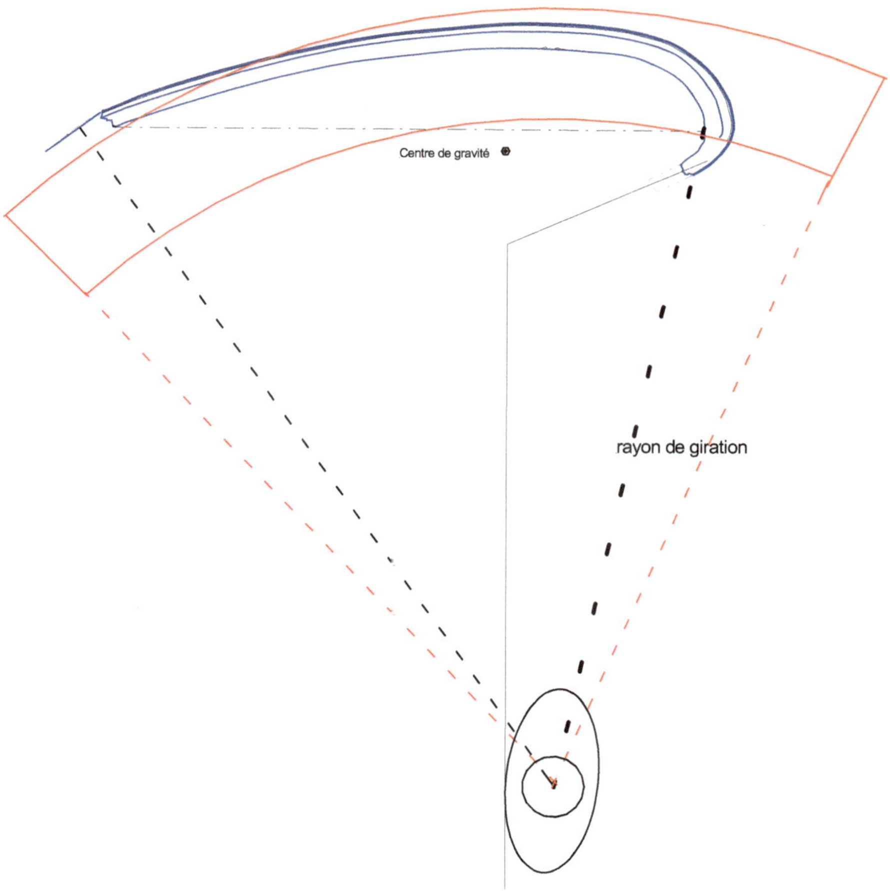

Surface balayée= 0.6m² pour angle de 90°

Le manche est dans l'axe de gravité.
l'ensemble manche/ faux est sensiblement équilibré

Le manche doit être tenu près du corps

3) Les faux de forme semi-circulaire de Froidmont et de Philippeville (Belgique)

Les trois faux découvertes dans le territoire actuel de la Belgique ont une forme semi-circulaire et un tenon de fixation du manche qui a un angle très faible avec la corde du taillant; en cela elles divergent notablement des autres faux découvertes en Gaule.

Il s'agit des deux faux de Froidmont (Province de Liège), dont seule une en bon état a été retenue, **15GF.rom** et la faux de Philippeville, **16 GF.rom** .

Les premières questions que l'on est en droit de se poser sont les suivantes : Comment ces faux fonctionnent ? Quelle est pourrait être la forme du manche la plus adaptée? (Voir Planche N° 10)

Deux cas opposés seront retenus.

3.1.) Un manche long et coudé à proximité du tenon de fixation.

C'est la solution habituelle, l'ensemble faux /manche est balancée. On peut se poser la question, quel est l'intérêt d'avoir un tenon de fixation du manche aussi près de la corde du taillant pour adopter ce type de manche.

3.2.) Manche court dans le prolongement du tenon de fixation.

Dans ce cas nous sommes en présence d'une faux fermée[3], hypothèse présentée par Pascal Reignez pour le Moyen-Âge et retrouvée de façon iconographique mais qui jusqu'à présent n'avait jamais fait l'objet d'une découverte archéologique.

[3] Reignez P., L'outil agricole en France au Moyen-Âge, *Errance*, Paris, 2002, p.231 et fig. 234.

Planche N°10

Etude des faux de Froidmont et de Philippeville (Belgique)

Repère 15 GF et 16 GF

Hypothèse 1, faux à manche courbe

Débit de la faux
Manche plus long S/4= ~ 0.7m²

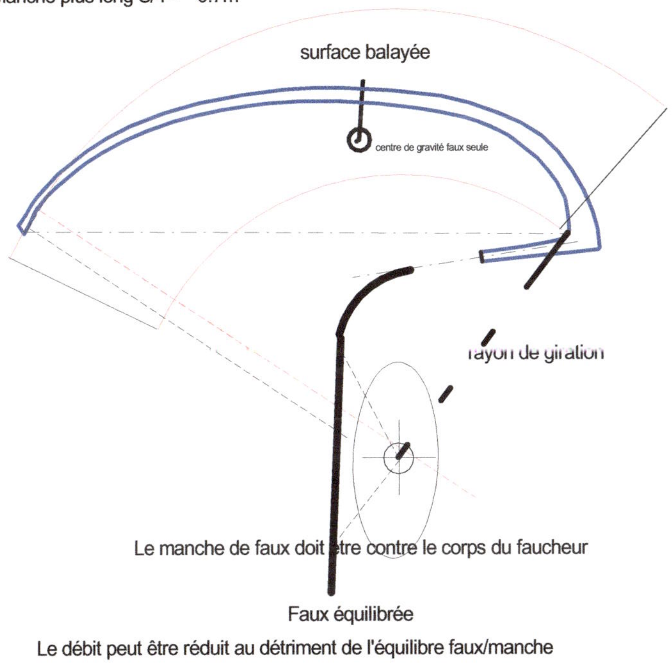

Hypothèse 2, faux fermée (Pascal Régniez)

Débit de la faux
Manche court S/4= 0m²24

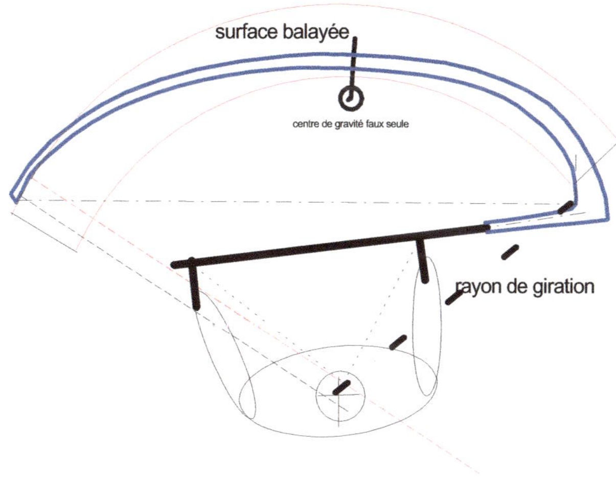

Reignez P., *L'outil agricole en France au Moyen Âge*, Errance, Paris, 2002, p. 231, fig. 234.

Annexe R 3.

Etude des faux d'époque romaine.
d'après S. E. Rees, J. Henning et R. Pohanka.

Classification des faux "romano-british" selon S. E. Rees.

Planche n°11

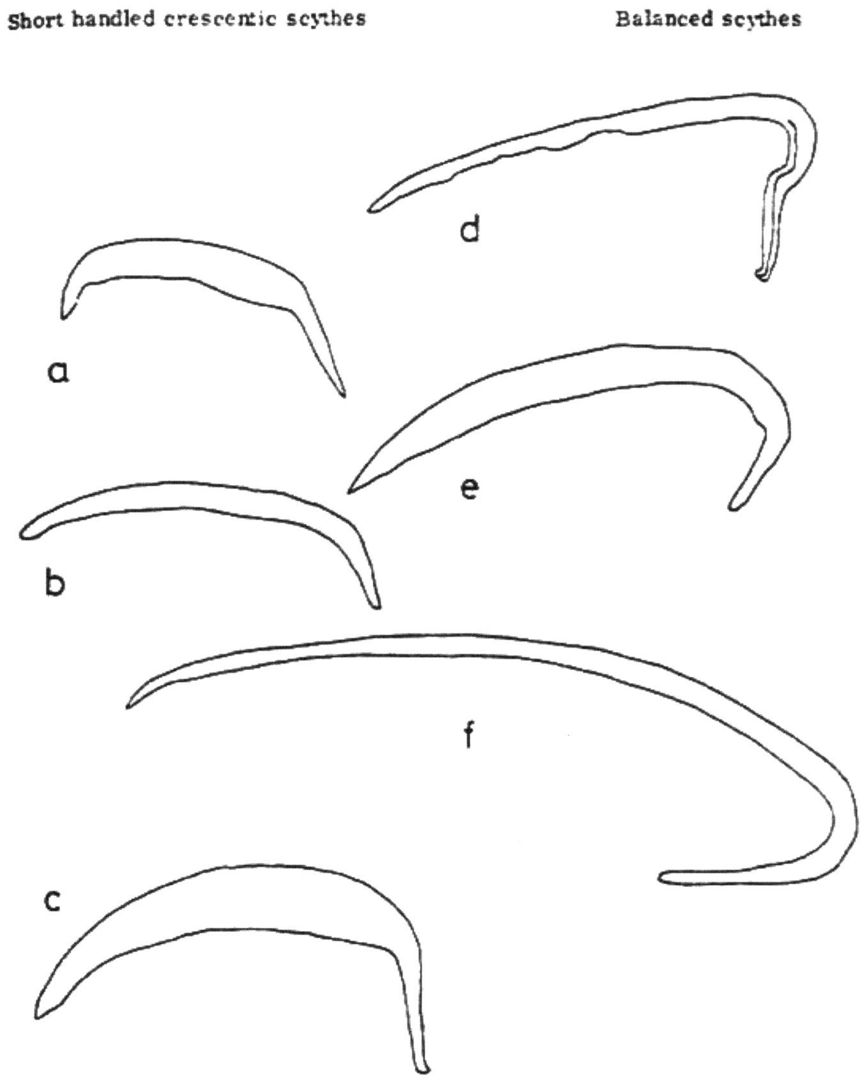

Fig. 248 Iron Scythes:
a. Stradonice, Czechoslovakia (after Déchelette 1914 fig. 613.1/8)
b. La Tène, Switzerland (after Déchelette 1914 fig. 613.1/8)
c. Illemose, Denmark (after Steensberg 1942 fig. 38, not to scale)
d. Idrija, Yugoslavia (after Déchelette 1914 fig. 613.1/8)
e. Newstead, Scotland (c. 1/10)
f. Great Chesterford, England (c. 1/10)
(e & f long handled) a,b,d Iron Age; c. Viking; e,f Roman

d'après **Rees S. E.**, Agricultural Implements in Prehistoric and Roman Britain, *B.A R.*, British Series 69, 1979, p.605.

Planche N° 12

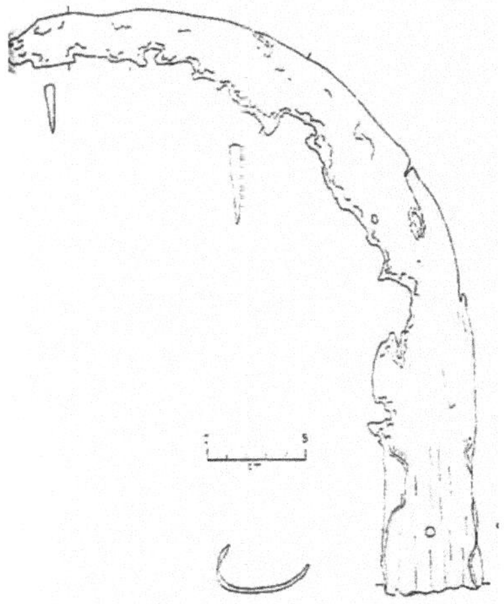

Fig. 245 Iron Slashing-Tool. Bigbury (Manchester No. no.)

d'après **Rees S. E.**, Agricultural Implements in Prehistoric and Roman Britain, *B.A R.*, British Series 69, 1979, p.601.

Classement des faux selon J. Henning

Abb. 3. Römische (a, c) und frühmittelalterliche (b, d) Sensen:
a- Regensburg-Kumpfmühl;
b- Urach "Runder Berg";
c Compiègne,
d- Kerkhove.

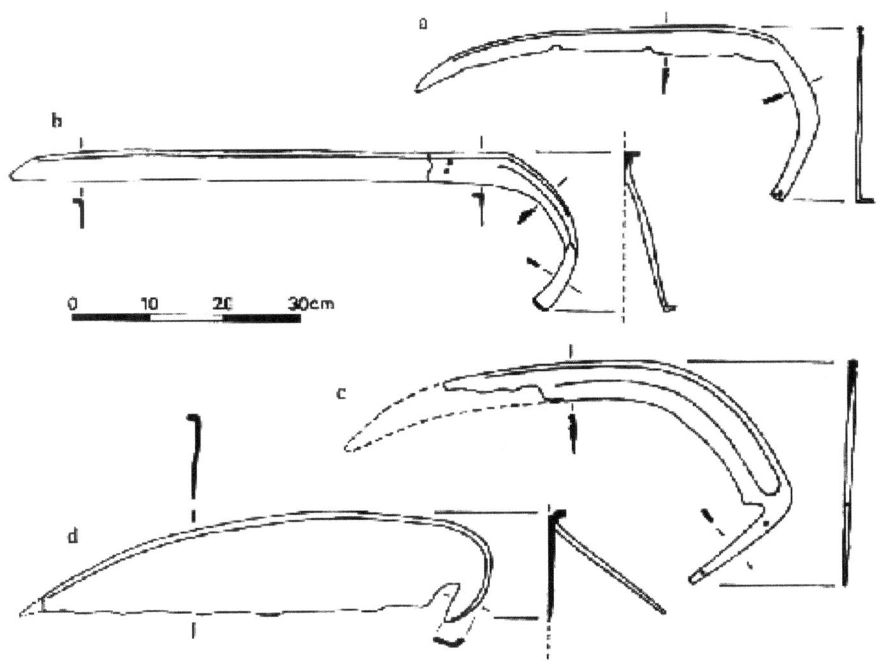

d'après **Henning J.** , Fortleben und weiterentwicklung spätrömischer Agrargerätetraditionen in Nordgallien, *Acta Archaeologica Lovaniensia*, 30, 1991, abb. 3, p. 52.

Planche n°13

Classification des faux romaines selon R. Pohanka.

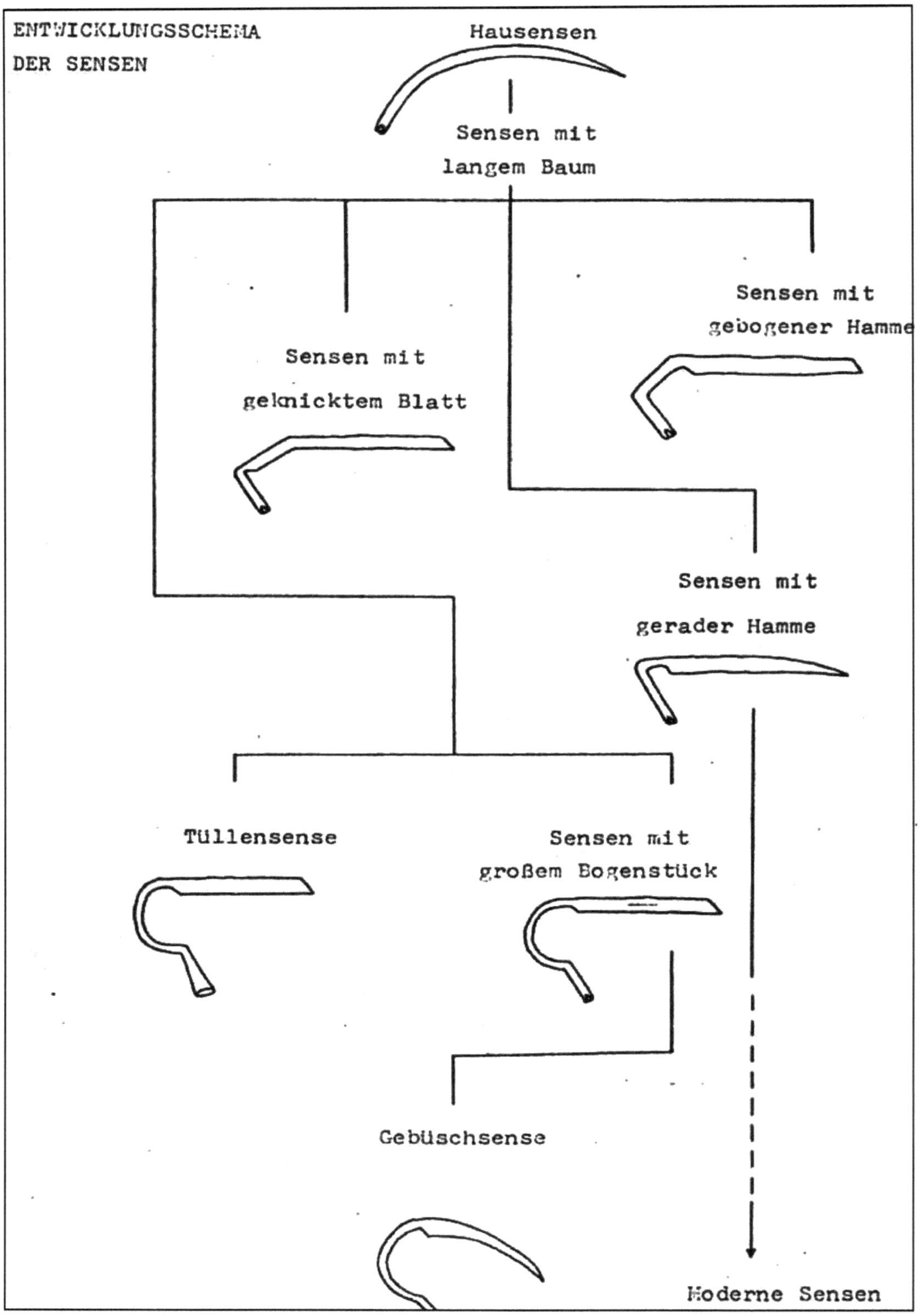

d'après Pohanka R., " Die eisernen Agrargeräte der Römischen Kaiserzeit in Österreich", *B.A.R.*, I. S. 298, 1986, fig. 8.

Planche n°14

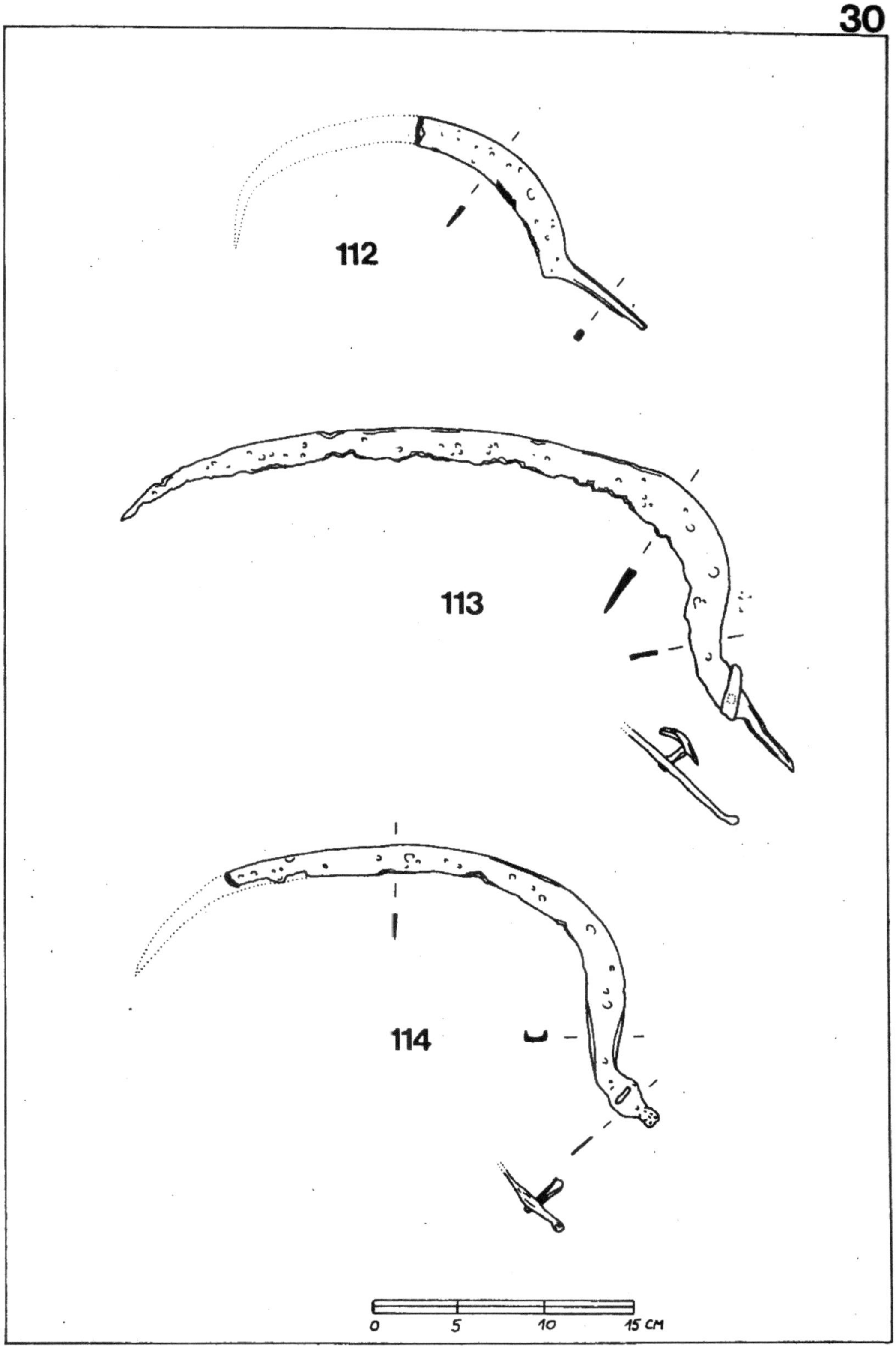

d'après Pohanka R., " Die eisernen Agrargeräte der Römischen Kaiserzeit in Österreich", *B.A.R.*, I. S. 298, 1986, pl.30.

Planche N°15

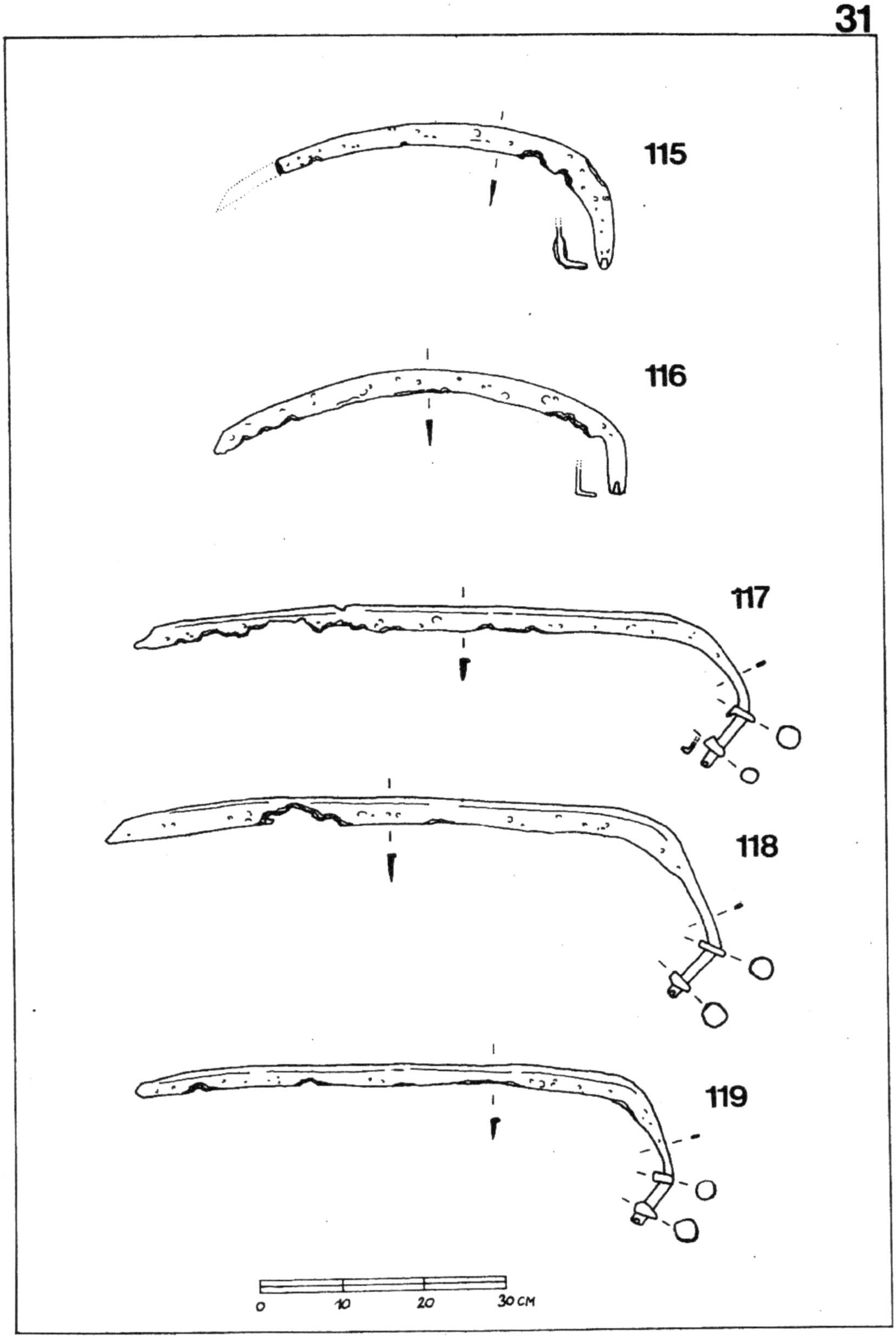

d'après Pohanka R., " Die eisernen Agrargeräte der Römischen Kaiserzeit in Österreich", *B.A.R.*, I. S. 298, 1986, pl.31.

Planche N°16

Comparaison entre des faux de (Gde) Bretagne et du Norique

Faux A , d'après **Rees S. E.**, Agricultural Implements in Prehistoric and Roman Britain, *B.A R.*, British Series 69, 1979, faux de Farmoor, fig.242, p. 598.

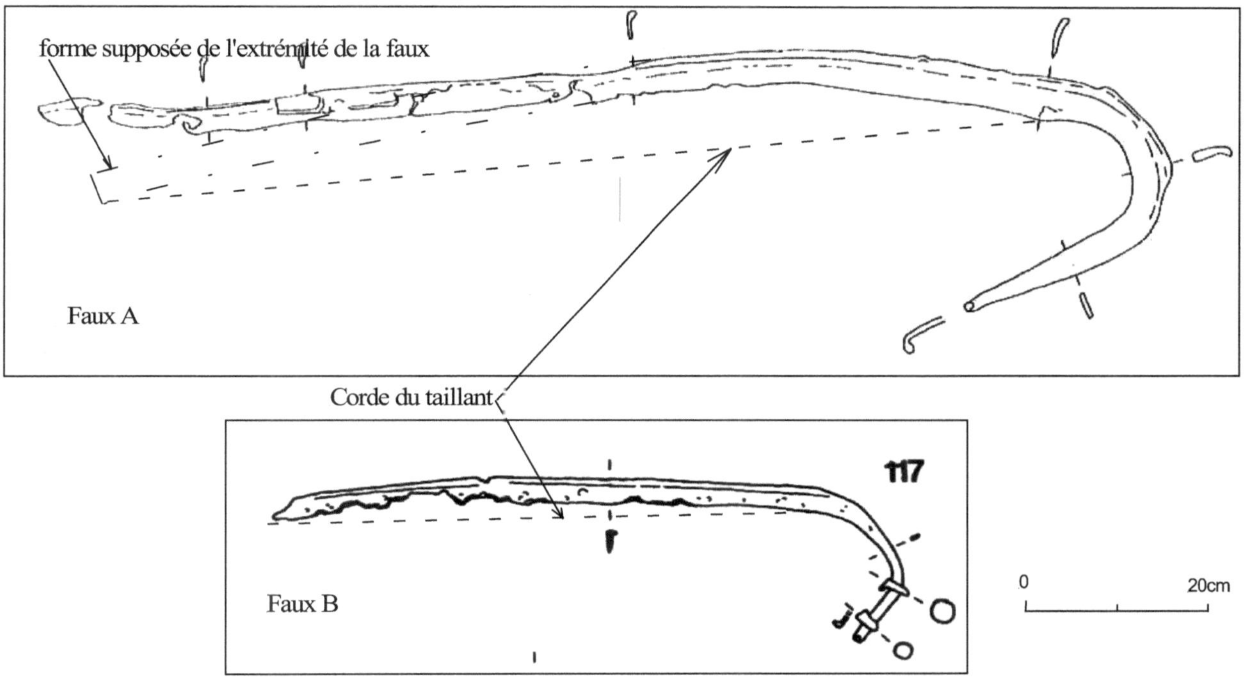

Faux B, d'après Pohanka R., " Die eisernen Agrargeräte der Römischen Kaiserzeit in Österreich", *B.A.R.*, I. S. 298, 1986, pl.31.

Les formes générales des deux faux sont identiques mais la faux de Farmoor a un grand taillant.

www.ingramcontent.com/pod-product-compliance
Lightning Source LLC
LaVergne TN
LVHW072256300926
849160LV00018B/1674
9781407309668